增强现实技术
及其教育应用

● 金一强　鲁文娟　著

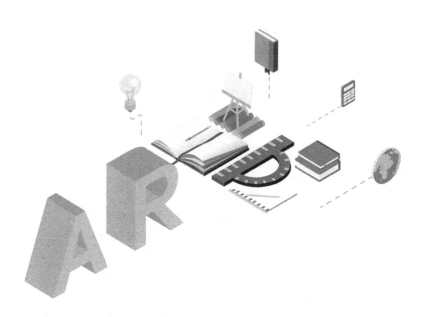

华南理工大学出版社
SOUTH CHINA UNIVERSITY OF TECHNOLOGY PRESS

·广州·

图书在版编目（CIP）数据

增强现实技术及其教育应用/金一强，鲁文娟著．—广州：华南理工大学出版社，2019.7

ISBN 978 - 7 - 5623 - 6064 - 3

Ⅰ. ①增…　Ⅱ. ①金… ②鲁…　Ⅲ. ①虚拟现实 - 研究
Ⅳ. ①TP391.98

中国版本图书馆 CIP 数据核字（2019）第 144646 号

Zengqiang Xianshi Jishu Jiqi Jiaoyu Yingyong
增强现实技术及其教育应用

金一强　鲁文娟　著

出　版　人：卢家明

出版发行：华南理工大学出版社

（广州五山华南理工大学 17 号楼，邮编 510640）

http://www.scutpress.com.cn　E-mail：scutc13@ scut.edu.cn

营销部电话：020 - 87113487　87111048（传真）

责任编辑：林起提

印　刷　者：虎彩印艺股份有限公司

开　　本：787mm×1092mm　1/16　印张：11.25　字数：208 千

版　　次：2019 年 7 月第 1 版　2019 年 7 月第 1 次印刷

定　　价：36.00 元

序

增强现实即 Augmented Reality（AR），它是虚拟现实技术的重要分支。从理论上看，增强现实能够实现多种感官的知觉，例如触觉、嗅觉、味觉等，但是由于目前的技术限制，它多被用于增强视觉感知。增强现实技术具有"把真实场景信息与虚拟信息相结合；实时地进行人机交互；用于三维环境中"的特点，自从 20 世纪 60 年代初，该技术诞生后，首先应用于军事领域，最早的应用案例是战斗机飞行员的头盔显示器。但在 21 世纪以前，增强现实技术主要处于实验室研究与特种行业应用阶段，距离大规模推广应用还很遥远。

近十年来，随着时代的快速发展，增强现实技术迅速走向大众化。2009年荷兰 SPRX Mobile 公司发布了名为 Layar 的首款支持增强现实的浏览器，2012 年谷歌公司发布的谷歌眼镜（Google Project Glass）直接将 AR 概念推向普通大众。2016 国际消费类电子产品展览会（International Consumer Electronics Show）中，增强现实技术大放异彩，各大 IT 公司相继发布了相关的新产品与内容应用。因此，2016 年被誉为增强现实技术发展元年。

增强现实技术将虚拟世界与现实世界结合起来，为教育提供了更丰富的呈现方式，增强了学习的交互性与参与感，使得知识与信息能够更有效地被学习者接受和吸收。因此尽管存在较高的技术门槛，增强现实技术在教育领域也得到了一定程度的跟踪应用研究。早在 2007 年《中国远程教育》就在"新技术在教育中的应用"专栏里发表了文章《增强现实技术的教学应用研究》，这也是中文数据库中能够检索到关于增强现实教育应用的最早一篇论文。随后，增强现实教育研究进入较为繁盛阶段，出现了运用"Eclipse + Metaio"开发的运行在 Android 平台上的寻宝类教育游戏研究、"Visual Studio 2010 + AR Toolkit"的交互式儿童多媒体科普电子书研究、"XNA + AR Toolkit"的可实现 AR 教学的高中通用技术创新教育平台研究等。

面对增强现实教育应用研究的迅速发展，作者于 2013 年投入其中，带领科研团队开展相关理论研究和应用开发，本书即是近年来研究的总结。

本书是全国教育科学"十三五"规划下 2016 年度教育部青年课题"适

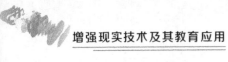

用于教育领域的增强现实移动应用技术实现方案及其应用研究"（批准号 ECA160415）的研究成果。本书还得到广东高校重点平台青年创新人才类项目的支持，批准号为2016WQNCX227。

本书第一章、第二章、第四章、第五章由金一强、鲁文娟撰写，第三章由赵文静、曹忠、金一强撰写，第六章周婕、金一强撰写。全书由鲁文娟进行最终的统稿和校对。本书参考并引用了国内外相关文献和网络资料，其中的主要来源已在书中和文末参考文献中列出，如有遗漏，敬请谅解。在此谨向被引资料的作者表示感谢。增强现实技术发展迅速，加之作者经验与学识有限，书中不足之处在所难免，敬请各位读者批评指正。

编　者

2019 年 4 月

目 录

第一章　研究概述

第一节　增强现实技术概念

一、概念介绍

"增强现实技术是一种借助光电显示、交互、传感和计算机图形的多媒体技术，它将计算机生成的虚拟环境与用户周围的现实环境融为一体，使用户从感官效果上确信虚拟环境是其周围真实环境的组成部分。"[①] 理想中的增强现实能够调动人体多种感觉器官的知觉，譬如味觉、触觉、嗅觉等，然而由于当前技术发展的限制，它主要是增强视觉感知。

增强现实技术于20世纪60年代初在美国提出并得到初步应用，最早的应用案例是在战斗机飞行员的头盔显示器中显示飞行状态信息，用于帮助飞行训练。[②] 当飞行员通过透明座舱观察外面环境时，头盔显示器可以为飞行员提供带有模拟地平线、飞行高度和速度等信息的数字图像，同时将该图像叠加显示在真实场景之上（图1-1）。

在21世纪以前，增强现实技术主要处于实验室研究与特种行业应用阶段，距离普通消费者较为遥远。

近几年，随着相关技术的快速发展，增强现实迅速走向大众化，特别是2012年4月谷歌眼镜（Google Project Glass）的发布直接将增强现实从概念推向消费者市场。谷歌眼镜具有和智能手机一样的功能，可以通过声音控制

---

① 王涌天，陈靖，程德文. 增强现实技术导论 ［M］. 北京：科学出版社，2015：9-14.

② Gregory Kipper，Joseph Rampolla. 增强现实技术导论 ［M］. 北京：国防工业出版社，2014：2-5.

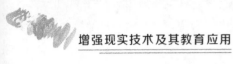

图1-1 军事领域使用的增强现实头盔①

拍照、视频通话和辨明方向，以及上网冲浪、处理文字信息和电子邮件等。谷歌眼镜的主要结构包括在眼镜前方悬置的一台摄像头和一个位于镜框右侧宽条状的电脑处理器装置，它配备的摄像头像素为 500 万，可拍摄 720p 视频。镜片上配备了一个头戴式微型显示屏，它可以将数据投射到用户右眼上方的小屏幕上，显示效果如同 2.4 米外的 25 英寸高清屏幕（图1-2）。

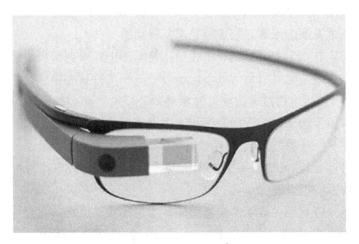

图1-2 谷歌眼镜②

① 电子技术设计. 瞧瞧 F-35 Lightning Ⅱ 战斗机都有哪些高精尖电子技术？［EB/OL］.（2018-6-26）. http://archive. ednchina. com/www. ednchina. com/ART_ 8800523937 _ 27_ 35486_ NT_ 2068ae6f_ 4. HTM.

② 亚设家电网. 2014SINOCES 新品 "各显神通" 比拼智能新生活［EB/OL］.（2018- 6-26）. http://www. ashea. com. cn/news/201406/27581. html.

谷歌眼镜有一条可横置于鼻梁上方的平行鼻托和鼻垫感应器,其中鼻托可调整,以适应不同脸型。鼻托里植入了电容,它能够辨识眼镜是否被佩戴。眼镜电池可以支持 24 小时的正常使用。谷歌眼镜可以用 Micro USB 接口充电,实际上就是微型投影仪 + 摄像头 + 传感器 + 存储传输 + 操控设备的结合体,它能根据环境声音在屏幕上显示距离和方向,在两块目镜上分别显示地图和导航信息。谷歌眼镜就像是可佩带式智能手机,让用户可以通过语音指令拍摄照片、发送信息以及实施其他功能。如果用户对着谷歌眼镜的麦克风说"OK,Glass",一个菜单即在用户右眼上方的屏幕上出现,显示出多个图标,如拍照片、录像、谷歌地图和打电话等。

谷歌眼镜在多个方面性能异常突出,用它可以轻松拍摄照片或视频,省去了从裤兜里掏出智能手机的麻烦。2014 年 7 月,它还正式开放直播功能,用户可以在 MyGlass 商店中下载安装 Live stream 进行视频分享。安装该应用的谷歌眼镜佩戴者只需说,"OK,Google Glass 开始直播吧。"即可把所见所闻免费分享给 Live Stream 里的其他人。通过 Live Stream 可以作为医学院的手术教学工具,医生佩戴谷歌眼镜直播自己的手术过程,这样学生就能通过视频直接观看到手术,而不必站在手术室内,当然使用者还可以通过它分享自己在音乐会或足球赛的体验。

除了谷歌眼镜,Facebook 的 Oculus Rift、HTC 的 Vive、索尼的 PlayStation 头盔也是优秀的虚拟现实和增强现实产品。Oculus Rift 是一款虚拟现实设备,是为电子游戏设计的头戴式显示器,它有两个目镜,每个目镜的分辨率为 640×800 像素,双眼的视觉合并之后拥有 1280×800 的分辨率。通过陀螺仪控制视角是 Oculus Rift 一大特色,这使得游戏的沉浸感大幅提升。Oculus Rift 还可以通过 DVI、HDMI、Micro USB 接口连接电脑。Oculus Rift 将虚拟现实接入游戏中,使得玩家们能够身临其境。尽管还不完美,例如从众多反馈来看,其产品还存在像素点较为明显,分辨率不高,运动追踪方面不完善等问题,但它使得科幻大片中描述的美好前景距离我们又近了一步。同时,Facebook 对 Oculus 的收购使得 Oculus 拥有了充足的资金支持,这使得 Oculus Rift 达到真正的民用级别的进程进一步加快。虽然最初是为游戏打造,但是 Oculus Rift 不仅能够应用在游戏领域,也有越来越多的软件厂商开始为其开发应用,让它能够应用在更多的领域,比如用于建筑设计、教育和治疗自闭症与恐惧症、创伤后应激障碍等领域(图 1−3)。

图 1 - 3　Facebook 旗下的 Oculus Rift①

　　HTC Vive 是由 HTC 与 Valve 联合开发的一款虚拟现实头戴式显示头盔，于2015 年 3 月在 MWC2015 上发布。2016 年 6 月，HTC 推出了面向企业用户的 Vive BE（即商业版）。HTC Vive 包括一个头戴式显示器、两个单手持控制器、一个能于空间内同时追踪显示器与控制器的定位系统。在头戴式显示器上，HTC Vive 开发者采用了一块 OLED 屏幕，单眼有效分辨率为 1200 × 1080 像素，双眼合并分辨率为 2160×1200，即 2K 的分辨率，这大大降低了画面的颗粒感，用户几乎感觉不到纱门效应，并且能在佩戴眼镜的同时戴上头戴式显示器。控制器定位系统采用的是 Valve 的专利，它不需要借助摄像头，而是靠激光和光敏传感器来确定运动物体的位置，也就允许用户在一定范围内走动。这是 HTC Vive 相对 Oculus Rift 和 PlayStation 头盔的优点（图 1 -4）。

---

　　① 爱范儿. 今天正式发货的 Oculus Rift，背后的产品设计都有什么讲究？［EB/ OL］.（2018 - 6 - 26）. http://www.ifanr.com/639442.

图 1 - 4　HTC 推出的 Vive①

HTC Vive 除了给游戏带来沉浸式体验，还可以延伸到很多领域，例如，可以通过虚拟现实搭建场景，实现在医疗和教学领域的应用，比如帮助医学院和医院制作人体器官解剖，让学生佩戴 Vive 进入虚拟手术室观察神经元、心脏、大脑等人体各项器官，并进行相关临床试验。

在 2015 年 9 月举行的东京电玩展上，索尼将旗下的虚拟现实头戴式显示器正式更名 PlayStation VR（图 1 -5）。

图 1 -5　PlayStation VR 及其配件②

PlayStation VR 是一个与游戏主机配合使用的 VR 头盔，除此之外，它的零售包装盒中还包括一个处理器单元、一个 HDMI 连接线、一套耳塞式耳机

---

① 界面. 宜家推出新玩法 让你窝在沙发戴着头盔就能设计厨房. ［EB/OL］.（2018 - 6 - 26）. http：//www. jiemian. com/article/600224. html.

② 游戏时光. 高清 PlayStation VR 开箱图片与视频. ［EB/OL］.（2018 - 6 - 26）. http：//www. vgtime. com/topic/9258. jhtml.

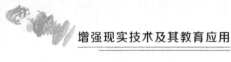

以及相关电源线缆。PlayStation VR 采用的是 5.7 英寸大的 OLED 显示屏，双眼分辨率为 1920×1080，单眼分辨率为 960×1080，显示屏的刷新率为 90Hz ~ 120Hz，观看视野为 100 度，这使得它的显示效果很棒，画面细节丰富、颜色华丽，能够带来更加流畅、更加舒适的虚拟现实游戏体验；PlayStation VR 还内置麦克风、加速度计、陀螺仪，为了配合 PlayStation VR 虚拟现实头盔，索尼还推出了一个全新的 PlayStation 相机，用于追踪头盔的运行轨迹。①

国内厂商如中国移动、亮风台也推出了智能 AR 办公场景应用。2016 年 6 月在上海举行的世界移动大会（MWCS）上，中国移动以 5G 技术为主题携国内 AR 领域领军企业亮风台共同为大众办了一场未来办公场景的视觉展示，吸引了诸多目光。②

二、增强现实与虚拟现实的区别

虚拟现实技术是一种可以创建和体验虚拟世界的计算机仿真系统，它利用计算机生成一种模拟环境，是一种多源信息融合的、交互式的三维动态视景和实体行为的系统仿真，可以使用户沉浸到该环境中。虚拟现实技术是计算机仿真技术的一个重要方向，是仿真技术与计算机图形学、人机接口技术、多媒体技术、传感技术、网技术等多种技术的集合，是一门富有挑战性的交叉技术前沿学科。"虚拟现实技术"（Virtual Reality 简称 VR）一词由美国 VPL Research 公司的拉尼尔（Lanier）于 20 世纪 80 年代首次正式提出，他将虚拟现实描述为一种模拟人在自然环境中的视觉、听觉、运动等特性的人机交互界面，主要包括模拟环境、感知、自然技能和传感设备等方面。模拟环境是由计算机生成的、实时动态的三维立体逼真图像。感知是指理想的 VR 应该具有人所具有的感知。除计算机图形技术所生成的视觉感知外，还有听觉、触觉、力觉、运动等感知，甚至还包括嗅觉和味觉等，也称为多感知。自然技能是指人的头部转动、眼睛、手势或其他人体行为动作，由计算机来处理与参与者的动作相适应的数据，并对用户的输入做出实时响应，并分别反馈到用户的五官。传感设备是指三维交互设备。

---

① 牛华网. PlayStation VR 全面评测：最值得购买的虚拟现实头盔[DB/OL]. (2018 - 6 - 26). http://digi. newhua. com/2016/1009/310503. shtml.

② 齐鲁晚报. 中国移动、亮风台共同打造 MWC 智能 AR 办公场景[DB/OL]. (2018 - 6 - 26). http://www. qlwb. com. cn/2016/0705/664586. shtml.

虚拟现实的特性包括多感知性、存在感、交互性、自主性。理想的虚拟现实应该具有人所具有的感知功能。存在感指用户感到作为主角存在于模拟环境中的真实程度。理想的模拟环境应该达到用户难辨真假的程度。交互性指用户对模拟环境内物体的可操作程度和从环境得到反馈的自然程度。自主性指虚拟环境中的物体依据现实世界物理运动定律动作的程度。

增强现实技术是在虚拟现实技术的基础上发展而来的，因此二者具有紧密的联系；在感知技术、现实技术和交互技术方面具有类似的基础，但是二者存在着较大区别。虚拟现实使得用户从感官效果上沉浸在一个完全虚拟的环境中，完全隔绝现实世界；而增强现实使虚拟环境与用户周围的现实融为一体。但是，构建一个增强现实应用系统的目的并非以虚拟世界代替真实世界，而是利用附加的信息增强使用者对真实世界的观察和感知。增强的信息可以是虚拟的三维模型，也可以是真实物体的非几何信息。通俗地说，虚拟现实系统试图将世界送入使用者的计算机，而增强现实系统却是把计算机带进使用者的真实环境，在虚拟环境与真实世界之间架起一座桥梁。增强现实技术与虚拟现实技术的差异主要体现在以下方面[①]：

1. 两者对于感官的沉浸感的要求不同

虚拟现实系统强调在虚拟环境中视觉、听觉、触觉等感官的完全沉浸，强调将用户的感官与现实世界绝缘，使其沉浸在一个完全由计算机控制的信息空间中。这对显示设备要求非常高，通常需要借助能够将用户视觉与现实环境隔离的显示设备，一般采用沉浸式头盔显示器（immersive head - mounted display）。而与之相反，增强现实系统不仅不隔离周围的现实环境，而且强调用户在现实世界的存在性，并努力维持其感官效果的不变性。AR 系统致力于将计算机产生的虚拟环境与真实环境融为一体，从而增强用户对真实环境的理解。这就需要借助能够将虚拟环境与真实环境融合的显示设备，如透视式头盔显示器（see - through head - mounted display）。

2. 增强现实技术和虚拟现实技术关于注册（registration）的含义和精度要求不同

在沉浸式虚拟现实系统中，注册是指呈现给用户的虚拟环境与用户的各种感官匹配。例如，当用户推开一扇虚拟门时，用户所看到的场景就应该同步地更新为屋里面的场景，例如一条虚拟小狗向用户跑过来，用户听到的吠

---

① 王涌天，陈靖，程德文. 增强现实技术导论 [M]. 北京：科学出版社，2015：5 - 6.

声就应该是由远及近变化，这种注册误差是视觉系统与其他感官系统以及本体感觉之间的冲突。而心理学研究表明，视觉比其他感觉往往占了上风。而在增强现实系统中，注册主要是指将计算机产生的虚拟物体与用户周围的真实环境全方位对准。而且，要求用户在真实环境的运动过程中维持正确的对准关系。较大的注册误差不仅不能使用户从感官上相信虚拟物体在真实环境中的存在性及一体性，甚至会改变用户对其周围环境的感觉，改变了用户在真实环境中的动作协调性，严重的注册误差甚至会导致完全错误的行为。

3. 增强现实可以缓解对系统计算能力的苛刻要求

一般来说，要求虚拟现实系统精确再现人们周围的简单环境，需要付出巨大的代价，而其结果在当前技术条件下也不是很理想，其逼真程度与人的感官能力体会不是很匹配。而增强现实技术则是在充分利用周围已存在的大量信息基础上加以扩充，这就大大降低了对系统计算机图形捕捉和显示能力的要求，其技术难度比虚拟现实系统低，更容易实现。

4. 增强现实与虚拟现实应用领域的侧重点不同

虚拟现实系统强调用户在虚拟环境中的视觉、听觉、触觉等感官的完全沉浸，对于人的感官来说，它是真实存在的。而对于所构造的物体来说，它又是不存在的。因此，利用这一技术能模仿许多高成本的、危险的真实环境。其主要应用在虚拟教育、数据与模型的可视化、军事仿真训练、工程设计、城市规划、娱乐和艺术等方面。而增强现实系统并非以虚拟世界代替真实世界，而是利用附加信息增强使用者对真实世界的感官认识。因而其应用侧重于辅助教学与培训、医疗研究与解剖训练、军事侦察及作战指挥、精密仪器制造和维修、远程机器人控制等领域。例如在虚拟现实应用领域之一的虚拟教育中，学生可以通过虚拟的人体内脏，形象化地理解生理学和解剖学的基本理论。加州大学的霍夫曼（Hoffman）研制的增强现实系统可以带领学生进入虚拟人体的胃脏，检查胃溃疡并可以"抓取"它进行组织切片检查。在增强现实领域的辅助教学与培训中，不仅医生能够手持手术探针实时地对患者进行胸部活组织切片检查，而且增强现实系统可根据此时获得的切片组织情况决定手术探针的位置，指导医生完成手术。由于增强现实系统中真实环境的存在，用户不仅对融合环境的感知更加具有真实感，而且对虚拟环境的感知增强了。因而在某些应用领域，增强现实技术与虚拟现实技术相比更具感知优势。

第二节　增强现实的发展历史与应用领域

一、增强现实的发展历史①

1966 年：第一台 AR 设备。计算机图形学和增强现实之父伊凡·萨瑟兰（Ivan Sutherland）开发出了第一套增强现实系统，是人类实现的第一个 AR 设备，被命名为达摩克利斯之剑（Sword of Damocles），同时也是第一套虚拟现实系统。这套系统使用一个头戴式光学透视显示器，同时配有两个 6 度追踪仪，一个是机械式，另一个是超声波式，头戴式显示器由其中之一进行追踪。受制于当时计算机的处理能力，这套系统将显示设备放置在用户头顶的天花板，并通过连接杆和头戴设备相连，能够将简单线框图转换为 3D 效果的图像。为什么要吊在天花板然后在戴到头上？因为当时技术并不发达，做出来的头戴显示器非常的笨重，如果直接佩戴会因为重量过大导致使用者断颈身亡，所以从头顶悬挂下来可以承受一定的重量。从某种程度上讲，萨瑟兰发明的这个 AR 头盔和现在的一些 AR 产品有着惊人的相似之处。当时的 AR 头盔除了无法实现娱乐功能以外，其他技术原理和现在的增强现实头盔没有什么本质区别。虽然这款产品被业界认为是虚拟现实和增强现实发展历程中里程碑式的作品，不过在当时除了得到大量科幻迷的热捧外，它并没有引起很大轰动。笨重的外表和粗糙的图像系统都大大限制了产品在普通消费者群体里的发展。

1992 年：AR 名称正式诞生。波音公司的研究人员汤姆·考德尔（Tom Caudell）和他的同事在开发头戴式显示系统，以使工程师能够使用叠加在电路板上的数字化增强现实图解来组装这个电路板上的复杂电线束。他们虚拟化了布线图，这极大地简化了之前使用大量不灵便的印刷电路板的系统。汤姆·考德尔等人在论文 "*Augmented reality: an application of heads - up display*

---

① 安福双．一文看懂 AR 增强现实 50 年发展历史［DB/OL］．（2018 - 6 - 26）．http://www.sohu.com/a/147115037_ 99899590.

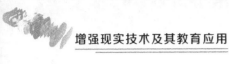

technology to manual manufacturing processes"（"增强现实：平视显示器技术在手工制造过程中的应用"）中首次使用了增强现实（augmented reality）这个词，用来描述将计算机呈现的元素覆盖在真实世界上这一技术。考德尔等人讨论了增强现实相对于虚拟现实的优点，例如因为需要计算机呈现的元素相对较少，因此对处理能力的要求也较低；同时为了使得虚拟世界和真实世界更好地结合，对增强现实定位（registration）技术的要求在不断增强。1992年，两个早期的增强现实原型系统：Virtual Fixtures 虚拟帮助系统和 KARMA 机械师修理帮助系统，由美国空军的路易斯·罗森伯格（Louis Rosenberg）和哥伦比亚大学的 S. 费纳（S Feiner）等人分别提出。路易斯·罗森伯格在美国空军的阿姆斯特朗实验室中，开发出了 Virtual Fixtures。这个设备可以实现对机器的远程操作。而随后罗森博格将研究方向转向了 AR 增强现实技术，包括如何将虚拟图像叠加至用户的真实世界画面中等各项研究，这也是当代增强现实技术讨论的热点。从那时开始，增强现实和虚拟现实的发展道路便分离开了。KARMA 的全称是基于知识的增强现实维修助手（knowledge–based augmented reality for maintenance assistance），是哥伦比亚大学计算机图形与交互实验室研发的一个 AR 协助维修设备的系统。他们使用头盔式显示器来辅助维修一台激光打印机。

1994 年：AR 技术的首次表演。这一年，AR 技术首次在艺术上得到发挥。艺术家朱莉·马丁（Julie Martin）设计了一出叫赛博空间之舞（dancing in cyberspace）的表演。舞者作为现实存在，舞者会与投影到舞台上的虚拟内容进行交互，在虚拟的环境和物体之间婆娑，这是 AR 概念非常到位的诠释，也是世界上第一个增强现实戏剧作品。

1997 年：AR 定义确定。罗纳德·阿祖玛（Ronald Azuma）发布了第一个关于增强现实的报告。在其报告中，他提出了一个已被广泛接受的增强现实定义，这个定义包含三个特征：将虚拟和现实结合；实时互动；基于三维的配准（又称注册、匹配或对准）。二十年过去了，AR 已经有了长足的发展，系统实现的重心和难点也随之变化，但是这三个要素基本上还是 AR 系统中不可或缺的。同年，哥伦比亚大学的史蒂夫·芬纳（Steve Feiner）等人发布了游览机器（Touring Machine），这是第一个室外移动增强现实系统。这套系统包括一个带有完整方向追踪器的透视头戴式显示器；一个捆绑了电脑、GPS 和用于无线网络访问的数字无线背包；和一台配有光笔和触控界面的手持式电脑。

1998 年：AR 第一次用于直播。当时体育转播图文包装和运动数据追踪领域的公司 Sport – vision 开发了 AR 直播系统。在实况橄榄球直播中，其首次实现了"第一次进攻"黄色线在电视屏幕上的可视化。最初这项技术是针对冰球运动开发的，其中的蓝色光晕被用以标记冰球所处的位置。其实现在我们每次看游泳比赛时，每个泳道都会显示出选手的名字、国旗以及排名，这就是 AR 技术。

1999 年：带来 APP 革命的第一个增强现实软件开发包（software development kit，SDK）。日本奈良先端科学技术学院（Nara Institute of Science and Technology）的加藤弘一（Hirokazu Kato）教授和马克·比林赫斯特（Mark Billinghurst）教授共同开发了第一个 AR 开源框架 AR ToolKit。AR Toolkit 基于 GPL 开源协议发布，是一个 6 度姿势追踪库，使用直角基准（square fiducials）和基于模板的方法来进行识别。AR ToolKit 的出现使得 AR 技术不仅仅局限在专业的研究机构之中，许多普通程序员也都可以利用 AR ToolKit 开发自己的 AR 应用。早期的 AR ToolKit 可以识别和追踪一个黑白的标记点（Marker），并在黑白的 Marker 上显示 3D 图像。直到今天，AR ToolKit 依然是非常流行的 AR 开源框架，支持几乎所有主流平台。

在 2005 年，AR ToolKit 与 SDK 相结合，可以为早期的塞班智能手机提供服务。开发者通过 SDK 启用 AR ToolKit 的视频跟踪功能，可以实时计算出手机摄像头与真实环境中特定标志之间的相对方位。这种技术被看作是增强现实技术的一场革命，目前在 Andriod 和 iOS 设备中，AR ToolKit 仍有应用。

德国联邦教育和研究部在 1999 年启动了一项投资 2100 万欧元的工业 AR 项目，名为 ARVIKA（Augmented Reality for Development，Production，and Servicing，用于开发、生产和服务的增强现实技术）。来自工业和学术界的 20 多个研究小组致力于开发用于工业应用的 AR 系统。该计划提高了全球在专业领域中对 AR 的认识，也催生了许多类似的计划。这是 AR 首次大规模服务于工业生产。

2000 年：第一款 AR 游戏。布鲁斯·托马斯（Bruce Thomas）等人发布的 AR – Quake，是流行电脑游戏 Quake（雷神之锤）的扩展。AR – Quake 是一个基于 6 度姿势追踪系统的第一人称应用，这个追踪系统使用了 GPS、数字罗盘和基于标记的视觉追踪系统。使用者背着一个可穿戴式电脑的背包，戴着一台头盔式显示器和一个只有两个按钮的输入器。这款游戏在室内或室外都能进行，一般游戏中的鼠标和键盘操作由使用者在实际环境中的活动与简单输入界面代替。

2001 年：可扫万物的 AR 浏览器。麦金太尔（Macintyre）等人开发出第

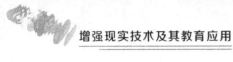

一个 AR 浏览器，一个作为互联网入口界面的移动 AR 程序。

2009 年：平面媒体杂志首次应用 AR 技术。当把这一期的 *Esquire*（《时尚先生》）杂志的封面对准笔记本的摄像头时，封面上的罗伯特·唐尼就会跳出来，和你聊天，并开始推广自己即将上映的电影《大侦探福尔摩斯》。这是平面媒体第一次尝试 AR 技术，期望通过 AR 技术，能够让更多人重新开始购买纸媒。

2012 年：谷歌 AR 眼镜来了！

二、增强现实的应用领域[①]

1. 虚拟展示领域

该领域是增强现实技术应用最早的领域，同样也是在生活中深入应用比较广泛的领域。增强现实技术在该领域的应用主要是对于那些难以直接看到原状的物体实现其位置或者原貌的重现。例如，一些已经严重损坏的贵重物品（包括建筑物等）的还原图像展示，包括对于众多古迹原景的还原，其中著名的案例是对圆明园的原景还原展示；在古迹原址中浏览的时候，对曾经摆放物品的还原，因为很多物品已经被收藏在博物馆，或者损坏严重和失窃，或者被个人收藏等。因此，增强现实技术的出现对这些物品及遗址的原貌还原具有重大的历史意义。

2. 虚拟互动教育领域

由于在很多学习过程中都存在理论与实践环节脱节的现象，因此，增强现实技术作为教学的辅助工具是教育领域的重要方向。比如说，在实践练习过程中，有些操作比较危险或者实验器材昂贵且容易损坏，增强现实技术对于这些环节虚拟与现实的混合实现有着重要作用。

3. 信息检索领域

用户需要对某一物品的功能和说明清晰了解时，增强现实技术会根据用户需要将该物品的相关信息从不同方向汇聚并实时展现在用户的视野内。在未来，人们在街上搜寻合适的餐馆的时候，就能通过相应的网络平台对该餐馆的性价比进行相关数据的读取，无需进店来确定该餐馆是否符合需求，这

---

① 凡拓数字创意. AR 增强现实技术应用在哪些领域？[DB/OL].（2018 - 6 - 26）. http://blog.sina.com.cn/s/blog_ a528ea960102wc8w.html.

些技术的实现很大程度上免去了用户亲自动手检索信息时的操作时间，方便用户快速高效的抉择。

4．应用于娱乐领域

娱乐也将成为增强现实技术的另一个主要应用方向。游戏参与者将得到更为真实的体验，而这些体验是那些基于虚拟现实的游戏所无法给予的。同时，增强现实技术所实现的真实与虚拟共同构建的游戏环境，将加深游戏参与者的感官体验。

5．应用于工业设计交互领域

增强现实技术对未来产品的设计与制造也将产生深远的影响。增强现实的最重要特点是高度交互性，其应用于工业设计，主要表现为一种交互性的虚拟操作，通过手势的自然识别等交互技术，将虚拟的产品模型展现在设计者和用户面前。它可以让用户在设计师指导下，在虚实融合的环境中协同操作，共同设计产品。增强现实工业设计依靠计算机虚拟仿真技术，将工业设计、模型装配和维护修改建成一套完善的系统，大大的改善了传统工业设计的弊端。产品设计经历了从手工画图到计算机辅助设计（CAD）的发展过程。在 CAD 中采用增强现实技术，将真实物体与虚拟物体结合起来进行虚拟产品开发，能够对虚拟物体进行构思、设计、制造、测试和分析，使得复杂机电系统的设计和更改变得更容易。

6．应用于军队领域①

由于各个领域需求不同，AR 技术的应用方式、技术途径和侧重点也有所不同。AR 技术在军事上的应用方向主要包括：

（1）作战系统应用

各国军队比较先进的舰艇、飞机、车辆等作战平台，都装备有相应的作战系统，从而将平台上各种通信、情报、探测、指控、武器等相关系统联系起来，构成信息化程度较高的作战单元。但目前的信息表现形式还是以图形、数据、文字、声音为主，指挥员面对的是大量的数据、表格、文字等抽象的信息，在战场上不仅需要浪费较长的时间来理解这些信息，而且还存在理解偏差甚至理解错误的可能性，这种时间上的延迟和理解上的失误，在战场上可能造成战机的错失，甚至造成战斗的失败。AR 技术在作战系统上的

———————

①　陈玉文. 增强现实技术及其在军事装备和模拟训练中的应用研究［J］. 系统仿真学报，2013（8）：258－262.

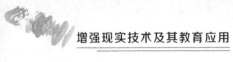

应用可以有效地解决以上问题。从技术途径方面看，AR 技术在作战系统上的应用主要是将各种传感器和情报系统获取的作战目标信息、协同兵力信息等其他信息以虚拟要素形式表现出来，并与指挥员本身所处的作战平台实际环境相融合，从而给指挥员提供一种形象具体、容易理解、简单快捷的信息表达。

（2）维修保障方面的应用

装备保障是军队作战能力的重要环节。故障排除和装备维修是装备保障中的一个重要内容，特别是当作战装备远离基地时，装备故障的快速诊断和维修对于保持装备的作战能力至关重要。目前较好的方法是建立装备维修手册，供使用人员查阅参考，但这种方法存在资料查询不方便、无法提供实时联动式帮助等缺陷。AR 技术在维修保障方面的应用可以有效地解决这些问题。在技术实现上，AR 技术在维修保障方面的应用主要是通过视频摄像头实时扫描待修装备的实景信息、故障现象，通过智能识别系统实时识别待修装备的位置、部件，由知识数据库系统自动调用与待修装备部位、部件相关的知识信息，专家知识库能自动给出与故障相关的辅助诊断和处置建议。其目的是使维修人员在面对待修装备并进行各种维修行动时，能够实时获取与当前工作相关的资料支持和专家建议支持。

AR 技术的应用给维修人员带来两点好处：一是能够在真实装备面前，透过某些关键点（特征点）实时"看"到相关部位或部件完好时的结构和状态，为维修提供实时的三维目标比对条件；二是将装备信息资料、专家经验知识等实时提供给维修人员，为维修人员提供资料、信息和专家知识保障。

（3）模拟军事训练

AR 技术能够构造出超越真实世界的逼真模拟训练环境，可催生新型的模拟训练系统，可以说，模拟训练是最能体现 AR 技术价值的应用方向之一。技术的应用给模拟训练带来了三点好处：一是模拟训练完全可以在真实装备环境中进行，所构建的训练环境真实感超强，为受训者提供"超真实"的视觉、听觉、味觉、触觉等感官上的刺激，使受训人员快速沉浸在训练活动中；二是可以实施在普通模拟器上和现实环境中无法实现的特殊训练，训练内容全面，与普通模拟训练器材甚至实装训练相比，能够收到更好的训练效果；三是虚拟世界与真实世界相结合，训练过程安全、经济、环保、可控、无风险或低风险。

7. 其他领域的应用

（1）设备的装配与维修指导

AR 技术能指导使用者完成设备组装和维修工作，还可以对使用者进行操作培训。AR 系统将装配维修工作流程指南按照工作进度准确地显示给用户，指导用户顺利地完成任务。对于用户而言，这些附加的文字、图像较之厚厚的安装手册更加生动、易于理解。

（2）空中交通管制

民航运输业高速发展，空中交通流量每年递增 10% 以上，日益繁忙的航路流量和航空港吞吐量，势必造成飞机密度增加、间距减小，使空中交通安全问题日益突出。增强技术的实现，可以扩大监视和控制范围，提高目标定位精度，保障飞行安全，提高空间区域的利用率。

（3）空间信息可视化

利用该技术可将矢量图形和文字符号叠加到飞行员的视野中，提供导航和瞄准信息，也能够在观察条件恶劣的情况下，辅助导航和加强对场景的理解。陆路和水路交通同样可以实现。

第三节　章节安排

增强现实技术将虚拟世界与现实世界结合起来，为教育提供了更丰富的呈现方式，使得知识与信息能够更有效地被吸收，因此增强现实技术对教育领域也积极的进行了应用研究。面对增强现实教育应用研究的迅速发展，作者于 2013 年投入其中，本书即是近年来相关理论研究和应用开发的总结。其中，第一章主要介绍增强现实技术概念，增强现实和虚拟现实的联系与区别，增强现实技术的发展历史和应用领域等。

第二章针对增强现实技术在教育领域的研究现状这一问题，研究采用内容分析法，对 CNKI 中检索到的增强现实教育应用论文从年份与发表刊物维度、作者与地域维度、学科与项目支持维度、研究类型与应用对象维度、研究内容维度进行统计分析，梳理增强现实教育应用研究发展的过程，找出相关研究的发表刊物、地域、学科分布规律，揭示增强现实教育应用研究类型的特点和研究重心。最后，提出"校企合作、各取所长，共建增强现实应用

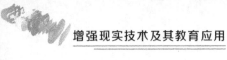

研究平台""走出单一学科的小圈子，引导更多学科开展增强现实教学应用，扩大技术应用面""摆脱坐而论道，坚决减少纯理论研究，行动起来，加大实证研究力度""弃用落后技术，紧跟增强现实技术和应用的发展脚步"四点关于增强现实教育应用研究的建议，以期为下一步研究提供参考和借鉴。

第三章面对将增强现实技术运用到移动学习应用中，给学习者创造更真实的用户体验，使他们能够随时随地身临其境地感受学习内容，进而促进知识的建构和学习效率，一些国家和地区在相关方面的研究已经取得了较大的进展，而我国在这一方面还仅仅处于起步阶段。本章通过收集增强现实移动学习和教育游戏的海外教学案例，了解国外增强现实在移动学习和教育游戏领域的应用现状，把握该领域的国际动向，还对海外具有代表性的几个国家和地区的教学案例进行分析，并从中总结出适用于我国的基于增强现实的移动学习和教育游戏的发展思路和方向。

第四章面对纷繁复杂的增强现实实现方式，在软硬件技术分析基础上，提出基于智能手机的 Vuforia + Unity3D 增强现实移动应用技术方案。该方案具有应用开源软件，无知识产权纠纷；跨平台性好，支持桌面和移动各种应用平台输出；交互性强，可设计复杂逻辑，实现商业级应用；不需要过多硬件依赖，易获得性高等优点，适用于教育领域使用。同时，本章依据 Vuforia + Unity3D 技术方案，以"岭南佳果"为例开发了物体识别增强现实移动应用，具体展示该方案的教育应用。

第五章主要是增强现实学习资源和产品介绍，包括 Vuforia 官网和 AR 学院的学习资源介绍，以及国内代表性增强现实公司及其产品，例如亮风台、视辰科技、AR School、小熊尼奥、马顿科技等。

第六章主要介绍增强现实应用开发工作室在校内教师带领下，采取自主研发或者接受项目委托的方式开发增强现实相关应用，包括 AR 大百科、Table + 多功能智能早教桌 + AR 游戏、创森未来儿童探索中心、宇宙英雄 AR 格斗游戏、纳份爱收纳柜 AR 展示系统等。

第二章 增强现实技术教育应用研究的现状与发展建议

第一节 研究设计

早在 2007 年，《中国远程教育》就在"新技术在教育中的应用"专栏里发表了《增强现实技术的教学应用研究》一文，这也是 CNKI 数据库中检索增强现实教育应用的第一篇论文。

转眼之间，增强现实教育应用研究已逾十年，它经历了怎样的发展历程，它的研究人员主要有哪些？研究重心在哪里？有哪些重要的研究结论等，本章试图对这些问题开展研究，进而在增强现实教育应用研究现状的总结分析的基础上提出发展建议，以期为下一步研究提供参考和借鉴。

一、研究方法与样本来源

关于开展某领域的现状与发展趋势的研究，内容分析法是一种合适的研究方法。内容分析法是"对于明显的传播内容，做客观而有系统的量化并加以描述的一种研究方法""以预先设计的类目表格为依据，以系统、客观和量化的方式，对信息内容加以归类统计，并根据类别项目的统计数字，做出叙述性的说明"①。内容分析法的实施步骤一般包括提出研究问题、抽取样本、类目设计、开展评判记录、评判信度分析、数据统计、分析总结等部分。

本章选取来源于 CNKI（中国知网）收录的增强现实教育应用研究论文

---

① 李克东. 教育技术学研究方法 [M]. 北京：北京师范大学出版社，2003：228 –
229.

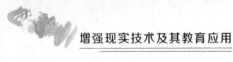

作为样本。CNKI 是我国规模最大、最权威的学术期刊内容聚合网站，收录自 1915 年至今出版的学术期刊 8 337 种，全文文献总量近 5 千万篇①。CNKI 的"社会科学Ⅱ辑"主要收录教育理论与教育管理、学前教育、初等教育、中等教育、高等教育、职业教育、成人教育及特殊教育等教育类期刊，哲学社会科学版的高校学报，以及社会科学理论与方法等类别期刊论文，在该库的搜索结果能够覆盖绝大多数增强现实教育应用的研究论文。

研究以"增强现实"作为"篇名"关键词在"社会科学Ⅱ辑"中进行检索，检索中出 43 篇文章。剔除名为"马列理论课要增强现实感"的无关文献 1 篇，"走出教室，回归现实世界：用手机和增强现实技术传授科学课程""增强现实互动技术在学前教育领域的应用"分别是李察·桑福德（Richard Sandford，Future lab 未来实验室首席科学家）、熊剑明（央数文化总经理）的会议发言稿整理而成，没有摘要、关键字和参考文献，因此评判组认定其不属于学术论文，也将其剔除在外，最终共计有效文献 40 篇。

二、分析类目与信度保证

分析类目的确定对于内容分析法的运用特别重要，它决定了内容分析将会得到哪些结论。在研读了全部 40 篇文献后，对增强现实教育应用研究论文有了总体认识，在知晓从哪些方面分析会得出有价值的结论后，初步确定了多维分析类目。随后，研究选取 10 篇论文，应用类目进行试用，并根据结果对部分条目进行了完善，例如在研究内容维度中，本来是将增强现实"产品研发"与"教学资源制作"分开来分析，后来在试用时发现，现实中产品研发与教学资源制作是合在一起做的，产业分工尚未做到那么细致，因此将二者合并为"产品开发"。

经过试用修正后，确定了如表 2 - 1 所示的内容分析类目表。

表 2 - 1 内容分析类目表

分析类目	具体内容
年份与发表刊物维度	主要从文献发表的年份、数量，发表期刊及其等级的角度分析
作者与地域维度	主要从作者单位、地域等方面分析

① 中国知网［DB/OL］.（2016 - 8 - 23）. http://acad. cnki. net/Kns55/oldnavi/n_Navi. aspx?NaviID = 100.

续表

分析类目	具体内容
学科与项目支持维度	主要从作者所属学科、项目资助情况等方面分析
研究类型与应用对象维度	主要从研究类型（实证研究、理论研究、理实结合研究），应用对象（学前幼儿、小学生、中学生、大学生和无特定对象）的角度分析
研究内容维度	将研究内容按理论设想、产品开发、教学应用角度划分，并分析

　　为保证内容分析者对相同类目判断的一致性，研究采取了 1 主 2 副的评判员安排方式，其中金一强作为主要评判员，鲁文娟、杨兴波作为副评判员。三位研究人员在同一间办公室中同时进行文献归类，对一时无法确定的项目，例如论文作者所属的学科、研究类型划分等，马上查找资料分析判断或者讨论，只有三人一致认同的类目才能在分析表格上记录，从而保证了文献归类分析的一致性。

第二节　数据分析

一、基础信息分析

1. 年份与发刊分析

　　从文献发表的年份来看，在 2007 年第一篇增强现实教育应用论文发表的 4 年后，才开始有新的相关论文发表；此后呈现出逐年稳定增长的态势，其中峰值出现在 2015 年，当年有 12 篇增强现实教育应用论文发表（表 2 - 2）。

表 2 - 2　论文发表年份情况

年份	2007	2011	2012	2013	2014	2015	2016.7
数量	1	2	6	7	8	12	4

　　增强现实教育应用的 40 篇文献发表于 19 家期刊，其中发表篇数排名前 7 家的期刊共发表论文 29 篇，占比 72.5%，显示了较强的集中度。发表增

强现实教育应用论文最多的是《现代教育技术》杂志，共发表了10篇，占比25%，远超其他期刊。这种状况一方面是由该刊立足技术应用的办刊定位决定的，另一方面也显示了该刊对新技术的敏锐度与接纳情况。其他12家期刊迄今各自只发表了1篇增强现实教育应用论文，属于偶发状态（表2-3）。

表2-3　发表期刊分布情况

期刊名称	发表篇数	文章题目
现代教育技术	10	从"经验之塔"理论看增强现实教学媒体优势研究，基于"视联网"增强现实技术的教学应用研究，基于增强现实技术的移动学习研究初探，移动增强现实教育游戏的开发——以"快乐寻宝"为例，增强现实的技术类型与教育应用，增强现实技术在移动学习中的应用初探，增强现实技术支持下的儿童虚拟交互学习环境研发，增强现实教科书的设计研究与开发实践，增强现实教育应用产品研究概述，增强现实外语教学环境及其多模态话语研究
中国电化教育	5	基于增强现实的教学演示，基于增强现实的移动学习实证研究，增强现实学具的开发与应用——以"AR电路学具"为例，增强现实学习环境的架构与实践，智能手机增强现实系统的架构及教育应用研究
电化教育研究	4	基于手机的增强现实及其移动学习应用，移动增强现型学习资源研究，悦趣多——基于增强现实技术的高中通用技术创新教育平台，增强现实技术支持的幼儿教育环境研究——基于武汉市某幼儿园的调查与实验
中国远程教育	3	接合自然增强现实，移动学习新体验，增强现实多媒体教学环境设计，增强现实技术的教学应用研究
中国教育信息化	3	增强现实技术在非正式学习空间中的应用探讨，基于增强现实（AR）技术的高职微课程设计，增强现实互动技术在学前教育领域的应用
远程教育杂志	2	增强教学效果拓展学习空间——增强现实技术在教育中的应用研究，增强现实教育游戏的应用
软件导刊（教育技术）	2	增强现实技术在教育教学中的应用研究，增强现实学具在中小学信息技术课中的应用研究

40 篇文献中发表于核心期刊①的有 27 篇，占比 67.5% 。这显示出增强现实教育应用文章的质量较高，得到核心期刊的接纳；另一方面可能是增强现实教育应用刚刚起步，其研究成果相对有更大的机率在核心期刊上发表。

发表于核心期刊的 27 篇文章中有 24 篇是在教育技术的核心期刊发表的，这显示出教育技术期刊在增强现实教育研究的中流砥柱地位。发表增强现实教育研究论文的非教育技术核心期刊有"北京师范大学学报（自然科学版）""出版科学""湘潭大学学报（哲学社会科学版）"。期望能有更多非教育技术的核心期刊发表增强现实研究论文，扩大增强现实教育研究及应用的影响力。

2. 作者与地域分析

在已有文献中，共有 4 位研究者发表两篇以上系列研究论文，分别是陈向东 4 篇，程志、王萍和李婷各 2 篇，其中陈向东的研究集中于增强现实演示和教育游戏的理论与产品开发，程志集中于基于手机的增强现实研究，王萍集中于基于增强现实的移动学习和资源研究，李婷的文章主要介绍了增强现实教育应用的优势和设想（表 2 - 4）。

表 2 - 4 系列论文发表情况

作者	系列研究论文
陈向东	增强现实教育游戏的应用
	移动增强现实教育游戏的开发——以"快乐寻宝"为例
	基于增强现实的教学演示
	增强现实学具的开发与应用——以"AR 电路学具"为例
程志	基于手机的增强现实及其移动学习应用
	智能手机增强现实系统的架构及教育应用研究
王萍	移动增强现实型学习资源研究
	基于增强现实技术的移动学习研究初探
李婷	接合自然 增强现实——移动学习新体验
	基于"视联网"增强现实技术的教学应用研究

---

① 这里的核心期刊包括中文核心期刊目录（即常说的北大核心）和中文社会科学引文索引期刊（即常说的南大核心）。

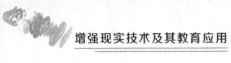

略显意外的是，增强现实教育应用研究文献的作者①全部来自高校，没有来自企业的研究成果或成员。由于增强现实教育应用在产品开发、资源制作环节具有较高的技术门槛，企业的技术支持也很重要。

文献作者来自重点高校的有 15 位，来自普通本科的有 20 位，高等职业学院的有 3 位，广播电视大学的有 2 位。表明增强现实教育应用研究中本科高校研究起主导作用，高职的研究比较薄弱。从标题来看，高职研究亦有其显著面向具体应用的特色，3 篇文章中 2 篇是基于 AR 的课程设计，1 篇是资源库设计。

同时，增强现实教育应用研究不是师范院校的独角戏（21 篇），非师范院校研究（19 篇）也占据了较大比重。

从我国 7 个大区的地域划分来看，文献发表量差异显著，第一梯队是华东、华中和华北，分别是 17 篇、8 篇和 6 篇；第二梯队的华南 3 篇，东北 3 篇；后列的西南 2 篇，西北 1 篇。华东自古以来就是文教繁盛之地，同时华中的武汉、华北的北京高校林立，都带动了该区域的增强现实应用研究；华南的广东虽然经济发达，但是教育事业不算发达，增强现实应用研究也体现了这一点。

从城市分布来看，19 个城市的高校参与了增强现实应用研究，独占鳌头的是上海 7 篇，其次是北京和徐州，各 4 篇。

3. 学科与项目支持分析

增强现实教育应用研究力量来自 8 个学科，具体数据如图 2-1 所示，其中占主导地位的是教育技术、计算机科学和数字媒体，三者合计 33 篇，占比 83%。这与增强现实教育应用的特点息息相关的，它是教育、计算机应用和数字媒体三者高度交叉融合的领域。同时，外语教学和信息传播也是增强现实教育应用的重要组成部分，前者侧重于应用增强现实技术辅助外语教学，后者侧重于从数字出版的角度研究。

来自上级的科研项目支持对高水平的科研产出非常重要，因此研究将文献的项目支持情况纳入内容分析范围，具体情况如表 2-5 所示。从统计数据来看，65% 的增强现实教育应用研究得到不同等级项目资助的共 26 篇，同时质量也较高，得到省部级及以上课题资助的有 22 篇，占比 55%。

---

① 这里指第一作者。

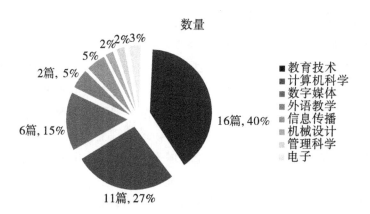

图 2-1 论文作者的学科分布图

表 2-5 项目资助情况

资助等级		数量	比例分布
国家级	国家自然科学基金	2	10%
	国家社科基金	1	
	国家科技支撑计划项目	1	
教育部课题	人文社会科学、青年专项、规划课题等	6	15%
省级课题	教育科学规划、哲社科规划、省人才项目等	12	30%
校级		4	10%
无资助		14	35%

然而，从课题名称与发表文献内容的相关度来看，增强现实教育应用研究真正得到省部级或以上的项目支持并不多，只有 6 项，分别是"增强现实系统中虚实遮挡问题的研究"（国家自然科学基金项目）、"增强现实电子书的开发与应用"（教育部人文社会科学研究一般项目）、"增强现实互动关键技术研究"（国家科技支撑计划项目"基于增强现实互动的西藏主题动漫游戏关键技术集成与应用示范"的子课题）、"增强现实环境下的实时多模态话语研究"（安徽省人文社科研究项目）、"基于单目视觉的增强现实人机交互系统及其应用研究"（安徽省高校优秀青年人才基金项目）、"'增强现实'在教育中的应用研究"（浙江省教育技术研究规划课题）。其他大量项目都是与增强现实间接相关，例如"大规模虚拟学习社区的模型构建与知识发现研究""移动微型学习在教师职后教育中的应用研究""泛在学习视域下的本科实践教学活动创新模式研究"。

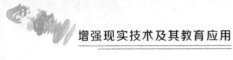

4. 研究类型与应用对象分析

本章将增强现实教育应用研究分为理论研究、实证研究和理实结合研究。理论研究又称思辨研究，主要通过理论论证、列举材料、总结分析等对教育现象的本质和规律提出新的见解①。例如"增强教学效果　拓展学习空间——增强现实技术在教育中的应用研究"就是典型的理论研究，该文在增强现实教育应用价值、优势、理论基础分析的基础上，从增强学习效果、优化课堂教学、拓展学习空间等方面论述增强现实教育应用②。

文中实证研究指直接根据已有方案进行产品开发、或者利用已有产品开展教学应用、或者开展实验验证已有理论为主的研究。例如陈向东③运用 Eclipse 开发平台，基于 Metaio 增强现实工具包开发了运行在 Android 平台上名为"快乐寻宝"的寻宝类教育游戏；张维莹④利用已有增强现实软件"豌豆星球"开展小学英语教学实验，研究基于卡片的增强现实语言教学开展方式，发现增强现实教育应用中的问题。

理实结合研究将理论设想与技术实现或者教学应用结合起来，它包括"理论设想＋技术实现""理论设想＋教学应用"以及完整三部分的组合方式。例如康帆⑤在构建增强现实技术支持的幼儿教育环境创设理论模型后，直接应用"安全交通"增强现实教育软件，对比实验组和对照组的差异证明增强现实幼儿教育环境的有效性。

根据本章提出的研究类型划分方法，现有文献中属于理论研究占据了大多数，有 26 篇，占比 65%，实证研究和理实结合研究各有 7 篇。从比例来看，纯理论研究占据了 65%，这种情况不应该在强调技术解决教育问题的教育技术学论文中出现；同时，增强现实教育应用本身就是技术性非常强的领

---

① 钟景迅. 教育科学研究方法第四讲：理论研究和文献综述［DB/OL］.（2016 – 07 – 12）. http://wenku. baidu. com/link? url = aCgYY3hsVVuy7jmVJScySer5h9T – 7nks4XAhuPz3 RDCajjdj_ QnidYkQxw_ zsC1SmMY98L9szCrc6w_ Yxxdb6VyOW13UyNe6d – SbzUE5zFe.

② 胡智标. 增强教学效果　拓展学习空间——增强现实技术在教育中的应用研究［J］. 远程教育杂志，2014，(2)：106 – 112.

③ 陈向东，曹杨璐. 移动增强现实教育游戏的开发——以"快乐寻宝"为例［J］. 现代教育技术，2015，(4)：101 – 107.

④ 张维莹. 基于增强现实技术的教育软件在小学英语教学中的应用实践［J］. 西部素质教育，2016，(4)：158 – 159.

⑤ 康帆. 增强现实技术支持的幼儿教育环境研究：基于武汉市某幼儿园的调查与实验［J］. 电化教育研究，2015，(7)：61 – 65.

域，更应该以实证研究为主。

如此高比例的纯理论研究客观上拉低了增强现实教育应用研究的水平，这一点从增强现实应用对象分析也得到了印证。从增强现实教育应用的对象来看，以大学生为应用对象的有 9 篇论文，中小学生的有 5 篇，学前幼儿的有 3 篇，农民工的有 1 篇，即有明确研究对象的论文有 18 篇，其中 11 篇属于实证研究或理实结合研究；而无明确应用对象的有 22 篇，其中属于理论研究的有 19 篇，占据了绝大多数，属于理实结合、实证研究的分别只有 2 篇和 1 篇。无明确应用对象表明研究没有针对性，得出的结论宏大，容易流于空泛（表 2 - 6）。

表 2 - 6　教育应用对象分布情况

应用对象	数量
大学生	9
中小学生	5
学前幼儿	3
农民工	1
无明确应用对象	22

二、理论设想研究成果分析

本章将增强现实教育应用研究内容分为理论设想、产品开发、教学应用三部分。

涉及到理论设想的有 33 篇，主要内容包括增强现实技术、产品介绍与优势分析，设计、应用方案或理论模型的提出，某一领域应用方法的探讨[1]。

在增强现实技术、产品介绍与优势分析的文章中，徐媛[2]、李婷[3]、齐

---

[1]　三块内容有一定交叉，例如领域应用类文章中肯定有提到增强现实的技术优势，本研究类目评判时以文章主体部分的内容进行归类。

[2]　徐媛. 增强现实技术的教学应用研究 [J]. 中国远程教育，2007，(10)：68 - 70.

[3]　李婷等. 基于"视联网"增强现实技术的教学应用研究 [J]. 现代教育技术，2011，(4)：145 - 147.

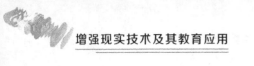

立森①、汪存友②等人详尽论述了增强现实的技术构成（标识技术、注册跟踪技术、三维显示技术等），功能（情境感知、场景增强，信息的立体化展示等），优势（提升教育效果、优化课堂教学、丰富学习形式等）。

徐媛提出 AR 具有如下特点：真实性，增强现实的优越性体现在实现了虚拟世界中的事物和用户周围真实环境的结合，它对用户而言是真实世界和虚拟物体的共存；实时互动性，增强现实最大的意义在于虚拟世界和真实世界的实时同步，理想的 AR 使人们可以在现实世界中真实地感受来自虚拟空间的一切模拟幻想的事物，令我们更加容易进入角色，大大增强了使用的趣味性和实用性。对于增强现实在教与学中的应用，徐媛认为有以下几种方式值得研究：①立体书籍，看书学习对于中小学学生来说有时是很枯燥单调的，即使图文并茂也是平面呆板的，若通过 AR 技术使读者在看书的同时通过头盔显示器看到听到相关知识的动态画面及声音，将会大大提高读者的兴趣和注意力，使看书不再枯燥单调，不再抽象，可提高学习效率，增强理解和记忆。②操作技能培训，增强现实技术已经在国外的一些工程技术人员培训中有许多实际应用。同样，将来我们可以将其移植到学科实验的教学中来。比如理工学科的试验，在头盔显示器中叠加试验相关的提示或说明信息，然后逐渐减少显示的信息量，直到学习者可独立操作技术应用。这种练习符合认知的渐进过程和建构主义的支架式教学模式，能帮助学习者在指导下逐渐地掌握、建构和内化知识技能。③AR 教育游戏，教育游戏为学生创造了一个宽松和谐的学习环境，在启发人的思维和培养能力方面发挥着重要作用，学生在游戏中愉悦地学习。而 AR 虚实结合实时互动且不受动作限制的特性使得此类游戏更吸引人，更能达到游戏的教育益智目的。④残障人群学习，使用增强现实技术可简化人机界面，提高信息交换速度，减少学习使用机器的时间。面对现在各种高科技的电子信息设备，特别是结构复杂的计算机操作，人们都需要花一定的时间学习，而这对于智障或残疾人群有很大的困难。如果我们把一些输入指令改为人们与生俱来的声音或动作，学习难度将大大降低，并节省了学习时间。另外，在人与计算机的交流中存在沟通的障碍时，用直观的图形分析，使用者不需接触电脑，只需通过摄像头给电

① 齐立森等. 增强现实的技术类型与教育应用 [J]. 现代教育技术, 2014, (11): 18 – 22.

② 汪存友等. 增强现实教育应用产品研究概述 [J]. 现代教育技术, 2016, (5): 95 – 101.

脑"望见"就行了。

李婷在分析了增强现实具有的"现场性、开放性、实时互动性、实用性"特性之外，还阐述其在教学中的应用：①情境教学，"视联网"支持的增强现实技术比以往的增强现实技术更具现实性与真实性。为教师进行情景教学提供了更为真实的学习情境。在情境教学过程中更注重情境性的创设，真实的活动及文化背景利于学习者知识的获得、应用与情感的体验。当学习者处于某一学习环境中时，虚拟信息就会通过手机推送给学习者有关信息将现实世界进行增强，帮助情境创设。②教育游戏，"视联网"支持的 AR 教育游戏为体验式学习提供了良好的学习途径。体验式学习是通过实践参与认识学习对象或学习内容的学习方式，注重教学媒体的可视、可听、可感与实时互动。AR 技术能够对微观世界、自然环境等进行模拟增强，通过智能手机终端实现与其进行实时交互。AR 功能的教育游戏可以让不同地理位置的玩家，以虚拟身份共处于同一场景中进行实时互动游戏。玩家通过竞争在虚拟的世界中树立自己的身份与地位，激发学习兴趣与学习热情，使教育游戏更具沉浸感。"视联网"支持的 AR 教育游戏不受动作、性别、年龄、身份等特性的限制，使此类游戏吸引了更多的用户，利于群体资源共享与激发学习兴趣。③活动教学，活动教学是指在实践活动中的教学，是在教学活动过程中构建具有教育性、实践性与创造性的主题活动，以此为中心组成学习团队，通过教师或团队成员之间的相互帮助，激励学习者主动参与、主动实践、主动探索、主动创造及资源分享，使问题得到解决。活动教学效果不仅取决于活动主题的选择、活动设计与组织，在过程进行中，学习者能否及时便捷地获取信息，也是影像活动教学效果的关键因素。"视联网"支持的 AR 技术能够及时获取与分享学习资源。实时而又具有交互功能的信息发布系统在活动学习过程中提高了信息的搜集、获取、分享的效率，有效提高了学习者的学习效率与热情。增强现实将提供全新的搜索模式，以图片代替文字自动搜索，学习者用手机摄像头拍下某物体，程序对捕获的图片进行分析识别后进行搜索，丰富了信息搜索方式，提高信息搜索效率，帮助学习者即时拍摄获取相关信息。④操作技能培训，AR 使操作技能培训更具现实性与真实性。"视联网"支持的 AR 设备使学习者通过手持屏幕得到虚实叠加的模拟场景，引导学习者融入角色，它比传统的操作技能培训方式更具趣味性与实用性。通过陀螺仪和重力感应技术判断学习者的操作或地理位置的变化，改变屏幕显示的内容信息。例如，在医学解剖课程学习过程中，学习者通过 AR 软件将虚拟的生命体、机械器材与真实的场景相融合，通过拖动或点击

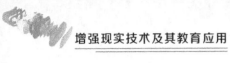

屏幕认识对象组成、解剖知识及器械操作等内容，通过屏幕观察试验结果影像，也可以将其作为视频资料存储，便于巩固学习。AR 使操作技能培训更具有趣味性与安全性，同时也降低了实验成本。

齐立森等人提出增强现实的出现完善并扩大了人类已有的认识领域和知识结构，变革了传统的时空观念，也为探究周围世界的科学知识提供了重要的认知工具。增强现实所具有的丰富认知、突破时空、实时交互等教学特性，将使得它在移动应用开发得到更多的关注和推广，为学习者提供更加广阔的学习环境和丰富的学习资源。尽管增强现实的应用仍有许多现实问题有待解决，比如经济成本、使用效率、认知度不高、安全性等，但是人们对于它的未来成长空间寄予厚望。

汪存友等人将增强现实教育应用产品按功能划分为 AR 阅读、教学演示、动作指引和教育游戏等类别。AR 阅读是通过图像识别技术，将计算机形成的虚拟 3D 图像或动画叠加到传统的纸质书本上，为读者带来更具吸引力的阅读体验。基于 AR 技术的教学演示不同于以往采用 2D 平面方式进行的多媒体演示方式，它更多的是通过叠加在真实场景中的 3D 模型或动画，从多个角度对教学内容进行动态、立体的展示。AR 的动作指引，利用 AR 技术具有较强的交互能力，能够为培训人员提供一种实地的、及时的操作引导，就像有一位资深的指导教师陪伴在身边一样；在机械、建筑等需要实际操作的领域中，往往以动作指引类产品居多。基于 AR 教育游戏，AR 教育游戏通过虚拟游戏与现实世界的结合，使游戏者沉浸在一个接近现实的环境体验现实中所体验不到的情景；它兼具游戏的娱乐性与教育的引导性这两大特性，寓教于乐，使游戏者在轻松的娱乐过程中学到知识。工具类的 AR 应用，目前已经有公司开发出了基于 AR 技术的语言翻译器和计算器，使用者不再需要进行手动输入，而只需将设备的摄像头定位在需要解决的问题上，结果便会在设备显示屏中显示出来。同时，汪存友等人还分析了增强现实教育应用产品的新特点：以图像识别为主要跟踪技术；功能多样化；平台移动化、小型化；触屏交互技术；可达性与普及度提高。

增强现实教育应用的设计方案和理论模型主要有学习环境设计、教育游戏设计、学习资源设计、移动学习设计等。

在增强现实学习环境的研究中，康帆①针对幼儿教育环境现状中存在的

---

① 康帆. 增强现实技术支持的幼儿教育环境研究：基于武汉市某幼儿园的调查与实验 [J]. 电化教育研究，2015，(7)：61 - 65.

问题，结合增强现实技术的特点，提出了增强现实技术支持的混合式探究幼儿教育环境创设的理论模型，即根据专家团提出的主题设定与游戏环境创设需求，增强现实技术开发人员设计出相应的三维虚拟场景与虚拟物体存放在软件服务器端。幼儿教师则根据教育活动进度，在课堂中指导幼儿进行真实游戏场景的搭建与实物的制作，以解决幼儿在环境创设中主体性不强、参与度低的问题。值得提出的是，由于幼儿的制作能力有限，没有教师或家长的帮忙，在实物制作上不可能达到成人审美的艺术性与逼真性。但是，增强现实技术可将技术人员设计的虚拟逼真三维场景与物体叠加到幼儿制作的真实场景与物体上。因此，在实物的制作上不必过于追求美观与逼真，只需要充分激发幼儿的主动性与创造力，让其有强烈的参与感与自主性。幼儿在真实环境创设过程中还能加强与同伴间的互动与协作，促进其社会性发展。这样，与以往花大量时间进行备课与墙面展示布置相比，幼儿教师可以将主要精力放在教学过程中对幼儿活动的观察与记录上，使幼儿教师真正成为幼儿活动的支持者、帮助者、观察者与记录者。最后，教师的活动记录再反馈给专家团与技术人员，专家团与技术人员根据反馈进一步调整活动主题、游戏任务和虚拟情境的设计，使教育环境得到进一步完善。

李海龙[①]将增强现实技术与多媒体教学进行融合，创设了基于增强现实的多媒体教学环境。针对传统多媒体教学环境在示范性、共享性和演示性等方面的缺陷，基于增强现实的多媒体教学环境通过配合使用电子白板和自动视音频录制设备，解决教学示范性问题；通过以云存储资源服务器为中心的网络通讯技术，解决教学资源共享性问题；利用增强现实技术，解决教学演示问题。解决示范性和共享性问题的工作模块包括：①使用电子白板为核心的多媒体设备完成基本的教学活动；②利用自动捕捉设备对教学活动进行实时监控和录制；③教学资源通过互联网实时广播，与远程学习者互动交流；④对录制的教学活动进行编辑、加工，制作成精品视频课程，并通过互联网实时发布。这样的教学环境可以满足对复杂抽象实验内容的教学活动，为学习者提供互动协作的学习条件，便于学习者进行实时交互交流、深度沉浸和情感交流。

① 李海龙. 增强现实多媒体教学环境设计［J］. 中国远程教育，2013，(5)：87 - 91.

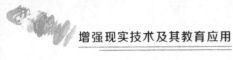

在增强现实教育游戏的研究中，刘锦宏[①]借鉴施密特的用户体验框架体系，构建包括"感官体验、交互体验、行为体验、情感体验和可靠性体验"的增强现实互动游戏体验模型，并以 Ingress 增强现实游戏为例开展调查和分析，细化增强现实互动游戏用户体验的构成要素，通过模型构建和验证发现增强现实互动游戏中玩家最重视情感体验，其后依次是行为体验、感官体验、交互体验和可靠性体验。并提出优化游戏玩家用户体验的建议：①游戏开发和宣传应针对游戏玩家的情感需求和体验。增强现实互动游戏用户体验的构成要素中，游戏玩家最注重其所带来的满足感等情感体验和新颖独特的感官体验。因此，在开发和运营增强现实互动游戏时，除了确保游戏出众的程序设计，关注游戏的理性诉求外，更要突出游戏产品的感性诉求和其能带给玩家的情感利益，传递增强现实游戏产品的精神属性及其所具有的象征意义和表现能力，宣传其附加价值，让游戏玩家与游戏建立起深切的情感联系，满足其情感体验的需求。②游戏开发要注意游戏的可操作性和易用性，尽量减少游戏的使用成本。在游戏用户的行为体验中，游戏的可操作性和易用性最受重视，同时，游戏成本也会影响玩家的行为体验。目前市场上的增强现实互动游戏，大部分语言为英语或其他语言，中文游戏类型比较少，有些游戏还要准备特别的游戏道具，这在很大程度上影响了游戏玩家的行为体验。因此，开发商在设计和开发游戏时，应注重游戏操作和使用的方便性、简捷性，依据游戏玩家的地域特色和使用习惯，设计符合玩家文化背景的程序和语言，使游戏易于理解和使用，尽可能降低游戏的使用成本。③切实保护游戏玩家的个人信息和隐私。可靠性体验也是影响游戏玩家用户体验的重要构成要素，增强现实互动游戏特别是基于移动设备的游戏，很大程度上是依靠用户的 GPS 定位功能和摄像功能，甚至某些游戏会自动保存游戏截图，而游戏玩家在游戏过程中并不希望暴露个人隐私和地理位置信息。因此游戏开发商和运营商要采取必要措施切实保护游戏玩家的个人信息和隐私。如开发商在进行游戏设计时，可增加游戏玩家自由选择当前 GPS 位置或是自主设定地理位置来进行游戏的功能，以及自主选择公开设置还是隐身设置，并可以在使用完定位服务后清除自己的位置记录信息等。

---

① 刘锦宏等. 增强现实互动游戏用户体验模型构建研究 [J]. 出版科学，2015，
（2）：85-88.

陈向东①和徐丽芳②关于增强现实教育游戏优点的认识较为一致，陈向东认为增强现实教育游戏可以"提供情境、支持协作、促进自主学习"，除此之外，徐丽芳认为增强现实教育游戏还可以"促进高参与性和无所不在的'玩与学'"；在增强现实教育游戏类型划分上，徐丽芳从室内和室外两方面划分，陈向东从基于场所和基于视觉的角度划分。基于场所的增强现实教育游戏是指在特定场所中进行的，运用带 GPS 功能的手持设备叠加显示附加材料（包括文本、视音频、三维模型、数据等）以改善用户体验的教育游戏。该类游戏借助参与者与（场所）环境间的情感及认知联系，促使其解决复杂问题、获得相关经验。目前，基于场所的增强现实教育游戏的典型应用领域有以下几个方面：科学教育与环境教育，诸如疯城之谜（Mad City Mystery）、环保侦探（Environmental Detectives）等；历史教育，诸如重温独立战争（Relivingthe Revolution）、1967 反陶氏化工运动（Dow Day）等；综合能力培养，诸如接触外星人（Alien Contact）等。基于视觉的增强现实教育游戏是指在室内环境中（特殊情况也可在室外）进行的，运用标记标识扩增内容（包括文本、视音频、三维模型、数据等）并叠加显示在现实环境中，以改善用户体验的教育游戏。目前，基于视觉的增强现实教育游戏主要有：传统教育游戏的增强现实版本，诸如"认识濒危动物"游戏等；利用增强现实技术特质开发的学科教育游戏，诸如"理解库仑定律"游戏等；利用增强现实技术特质开发的特殊教育游戏，诸如 Gen Virtual 等。

在基于增强现实的移动学习方面，各位研究者一致选择智能手机作为硬件平台，目前普通千元级别智能手机就已经集成 GPS、电子罗盘、陀螺仪和支持重力、光线、距离感应，在普及程度、可移动性、易用性等方面具有明显优势。程志③在提出智能手机增强现实系统架构的基础上，从移动情境学习、游戏模拟的体验式学习、实验操作技能学习及书本阅读学习四个方面探讨手机增强现实的移动学习应用。

---

①　陈向东，蒋中望. 增强现实教育游戏的应用［J］. 远程教育杂志，2012，（05）：68 – 73.

②　徐丽芳. 基于增强现实技术的教育游戏研究［J］. 湘潭大学学报（自然科学版），2015，（2）：120 – 124.

③　程志. 智能手机增强现实系统的架构及教育应用研究［J］. 中国电化教育，2012，（8）：134 – 138.

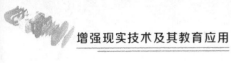

王萍①在马库斯·施皮特（Marcus Specht）提出的增强现实学习分析模式基础上，构建了包括需求分析、功能设计、技术实现的增强现实学习系统开发模型。在需求分析阶段，要从用户角度和资源特点出发，对所要开发的软件进行分析；并非所有的学习活动都适用于移动学习形式，因此，需求分析是首要步骤，目的在于判断学习是否适合于增强现实类型；不恰当的应用增强现实学习方式不仅会造成资源上的浪费，还可能对学习的最终效果产生负面作用。在功能设计阶段，结合增强现实软件的特点和移动学习应用模式要求，进行媒体设计、交互设计、三维模型设计、位置服务和社交服务设计。在技术实现阶段，基于相应的移动平台，进行应用程序的开发。三个模块对应的层次包括系统层、服务层、应用层和开发层。①系统层为手机提供底层的软硬件支撑，包括手机硬件平台和操作系统。②服务层提供应用程序开发的接口和模块，它还可以进一步细化为操作系统平台类库和第三方支持类库的两个层次；其中操作系统平台类库包括传感器编程组件、位置服务组件等；第三方支持类库包括地图引擎，增强现实开发的相关工具开发包如AR ToolKit、Layar、高通 Vuforia，以及各种相关移动开发框架等。③应用层向上为用户提供学习应用，向下选择和使用服务层的相关功能。④在开发层，开发者根据对移动学习系统的应用需求、功能模块、学习目标等的分析，选择适当的移动学习应用模式。结合选用的平台，实现相应的软件功能。

增强现实学习资源设计包括增强现实教科书、增强现实学具、增强现实资源库和增强现实微课的设计，立足于发挥增强现实在"情境感知、场景增强，信息的立体化展示"中的作用。王萍②在增强现实学习案例和移动增强现实特征分析基础上，从资源的呈现、内容和应用角度，提炼出移动增强现实学习资源的四个核心要素（学习内容、情境增强、交互互动和学习模式），进而构建了移动增强现实型学习资源模型；并提出学习资源呈现是基础，学习资源内容是核心、学习资源应用是关键的观点。移动增强现实型学习资源的理论模型以情境学习理论、建构主义理论、活动理论、关联主义学习理论为指导，围绕服务于泛在学习资源建设与应用的目标，由学习内容、情境增

① 王萍. 基于增强现实技术的移动学习研究初探 [J]. 现代教育技术，2013，(5)：5-9.

② 王萍. 移动增强现实型学习资源研究 [J]. 电化教育研究，2013，(12)：60-67.

强、交互互动、学习模式等四个核心要素组成。学习资源内容是核心，资源内容承载了学习材料与教学目标要求，并采用适当的资源内容表达形式提供给学习者。交互互动与情境增强是移动增强现实型学习资源特征的呈现，保证了学习资源的情境性和交互性。应在对学习内容分析的基础上，设计科学的资源情境增强方式和交互方式。学习资源的教育应用是学习资源的价值体现，通过具体学习模式的展开，使移动增强现实型学习资源良好地应用于教与学的过程中。

　　从文献来看，增强现实在外语教学、幼儿教育、非正式学习、农民工培训等领域有了应用设想，马莉①提出应用增强现实构建虚实融合的多模态外语教学情境，探讨增强现实在外语基本概念学习及外语情境交际能力训练中的应用。增强现实外语教学环境的基本架构包括首先对摄像机视频中的平面标识物进行检测与识别；接着对摄像机与标识物的空间转换矩阵进行计算，从而实现配准与注册；最后还要将文本、图形、图像及音频、视频等计算机生成的虚拟信息实时的添加到真实场景中。此外，在该系统中还要加入交互功能模块，从而在 AR 外语教学情境中实现自然的人机交互。增强现实可以为外语教学提供丰富的虚拟视觉模态符号，并将其融入真实场景中，常见的有以下几类：①虚拟文字符号。采用增强现实技术生成外语单词、句子等虚拟文字符号取代传统的黑板和 PPT 课件里的文字符号，教师和学生可以在增强现实环境中根据教学需要调整文字符号的三维形状、字体大小、颜色特效等属性及其空间布局方式。②虚拟图形图像符号。包括计算机生成的三维图形、二维图像以及视频流等符号，教学中可以对图形的色彩与运动方式、图像的画面大小、视频的播放属性等进行实时调整。③虚拟场景符号。营造虚实融合的场景是外语课堂中实现情境教学的有效手段，在增强现实环境中可以创建与所授内容情境相一致的虚拟场景，并且将其叠加进教室的物理空间中，教师和学生可以在其中进行真实自然的交际活动。在增强现实的外语教学环境中还可以依据课程内容的需要生成多种虚拟的听觉模态符号，主要包括以下几类：①口语听说符号。结合讲解内容以及相关的视觉模态信息在课堂三维空间的指定位置生成并播放口语语音，播放时可控制其音调、音量、语速等基本属性，学生可在增强现实环境中进行口语同步练习，录音设备将实时获取学生的口语信息，然后经计算机处理后产生反馈信息，指导学生完

---

　　① 马莉，沈克. 增强现实外语教学环境及其多模态话语研究 [J]. 现代教育技术，2012，(7)：49 - 53.

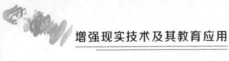

成口语训练。②背景音乐符号，提供符合增强现实教学情境需求的背景音乐，营造场景气氛，烘托教学主题，提高学生的沉浸感和投入度。③环境音响符号，主要是来自虚拟情境中的环境噪音或某些场景的特殊音效等，用以提升增强现实环境的真实感。

齐建明[①]论述了涂色画册、色彩语言在儿童成长中的重要作用，进而提出绘本与增强现实技术的结合方式。在信息传播异常迅速的今天，传统绘本单一的绘画形式已经不能满足当代儿童的兴趣，数字媒体技术与移动设备的发展使现在的孩子在成长过程中的每一刻都在不断寻求着视听上的刺激，在这种背景下，交互式的新媒体早教产品应运而生，而 AR 技术的诞生完美契合了这一需求。利用 AR 技术，儿童在绘本中的创作可以跳出纸面，以三维动画的形式呈现在移动设备上，极大的增加了孩子的学习动力，激发创造力，这也是儿童早教产品存在的意义。例如，"开稚萌牛" AR 早教产品，推出的早教画册《涂游记》包含了交通篇和职业篇两个专项，其中每个职业或交通工具都具有完整的故事和标准的中英文释义及发音，而且结合了传统教科书的田字格，让儿童在绘画过程中培养识字、认读的兴趣，每幅图画均有两次创作的机会，可以激发儿童的想象力和创造力，合辙押韵的童谣不仅可以锻炼语言能力而且可以使幼儿养成良好的认知习惯。

三、产品开发研究成果分析

增强现实教育应用产品开发的文献有 10 篇，主要有辅助教学系统、教科书、寻宝类游戏等，其中有 2 篇在产品开发之外进行了教学应用。本章增强现实教育应用产品分析的重心放在开发技术方案和应用环境上。

《增强现实学具的开发与应用——以"AR 电路学具"为例》[②] 一文主要讲授了增强现实学具将虚拟信息融入真实学习环境，使信息的呈现既能与真实物理空间对应，又不受学具真实属性的约束，弥补了传统学具的诸多不足。增强现实技术融入学具的开发，能够向学习者提供降低认知负载的知识访问接口，从物理感知、认知、情境三个维度拓展了学具的应用。该文通过

① 齐建明. AR 增强现实绘本在早期教育中的应用［J］. 科技资讯，2015，（26）：158 – 159.

② 陈向东，乔辰. 增强现实学具的开发与应用——以"AR 电路学具"为例［J］. 中国电化教育，2014，（9）：105 – 110.

"AR 电路学具"的开发与应用，介绍了增强现实学具需求分析、设计、开发、调试与分布的完整流程。"AR 电路学具"通过摄像头将真实环境的影像捕获并输入到计算机主机，学具软件的 AR 引擎从每一帧的视频输入流中扫描标记并在扫描命中的情况下注册和追踪标志物，最后，系统将虚拟信息叠加到每一帧输出流中以标记物标定的空间的相对位置，在显示器上呈现虚实叠加后的影像。学习的主要引导工具是学习手册，这是一个实体素材，和实验手册类似。手册扮演了教师的角色，学生根据手册的提示学会学具的操作使用，并在手册的引导下使用标记在特定的电路底板生成可联通的电路，然后使用摄像头扫描电路，在显示器观察程序处理得到的结果，并记录观察到的现象、反馈手册中的提问和其他要求。程序启动后就要从相关的配置文件中将标识物、电路结构描述矩阵等信息读入，进行预操作、启动摄像头；接着程序需要从摄像头的视频输入流中扫描并注册标记，并根据追踪的标记信息判断电路的连通状态；如果电路连通，程序就需要计算电路，包括每个元件的电压、电流值，并渲染相应的虚拟素材，将它们叠加到视频输出流中反馈给用户；用户如果做出了改变电路元件或加减可变电源、电阻属性的操作，程序应该能够正确响应并将新得到的结果呈现在显示器中。"AR 电路学具"系统以开源项目为开发工具，对程序语言、集成开发环境（IDE）、增强现实开发包，以及系统平台和硬件设备的选型都以此为依据。此外，高自由度、易用和低成本也是开发选型的考虑标准。综合各方面的因素，"AR 电路学具"程序设计语言采用 Java，集成开发环境采用 Eclipse 和 Processing，增强现实开发包则采用 AR ToolKit for Processing，其他方面，采用普通的网络摄像头和显示器作为增强现实系统的外围设备。

《增强现实技术支持下的儿童虚拟交互学习环境研发》[①] 的"基于增强现实的交互式儿童多媒体科普电子书（Augmented Reality Multimedia Science E－book for Children，ARMSEBC）"，是通过增强现实技术的图像识别来显示传统纸质图书中用文字和插图描述的科普虚拟三维景象的多媒体电子图书。ARMSEBC 融合了现代教育理念，应用增强现实技术及儿童学习心理等研究领域中的最新研究成果，通过三维虚拟场景构建，将纸质科普图书中原本用文字和插图描述的学习情节转换为三维立体的科普知识场景，并生动地展现在儿童面前，活灵活现的科普场景，加上随意操控的互动形式，完全贴合儿

① 李勇帆，李里程. 增强现实技术支持下的儿童虚拟交互学习环境研发 [J]. 现代教育技术，2013，(1)：89－93.

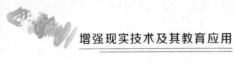

童天真、好动的心理，使其脱离呆板的阅读模式，全身心融入到阅读的内容之中，ARMSEBC 的书页面积为 A4 纸张的一半大小，其左侧为电脑上要展示的多媒体内容的文字介绍，字体采用"方正卡通简体"，以符合儿童的阅读习惯。书页的右侧上方依次为要展示的多媒体图书内容的中文名称、拼音、英文单词。其右侧下方为一个特制的标记图形，儿童阅读时，先在电脑上运行 ARMSEBC 程序，并跟踪与分析这个标记，程序识别后便在终端显示屏展示特定的且与科普图书内容一致的三维场景。这个标记的算法是一个开源的算法，有网络在线生成与单机生成两种程序。本研究采用的是在线生成程序，打开在线生成程序后，点击 Mode Selects，可以选择摄像机实时拍摄打印好的标记，也可以选择要上传的标记图片。点击 Maker Size 的滑杆，可以选择要生成标记的大小。在 Preview Maker 窗口中可以预览生成的实际效果。最后点击 Get Pattern 离线保存生成好的标记文件，文件的后缀名为"．patt"。儿童在阅读"基于增强现实的交互式儿童多媒体科普电子书"时，在电脑屏幕中看到的科普图书内容不仅有图书中的插图、文本，还叠加有与图书内容相关的三维科普知识景象与配套的声音等，使真实的纸质图书上的内容与虚拟的实验场景相叠加，从而产生强烈的视觉冲击，达到寓教于乐与实时互动的目的，从而有效地消除了儿童在阅读纸质图书时所遇到的语言文字障碍，以及易乏味、易烦躁的心理问题，有利于儿童的身心健康发展。除了提供逼真的三维学习环境，"基于增强现实的交互式儿童多媒体科普电子书"还能模拟现实中体验不到的微观世界环境，使儿童有效地与其互动，以及更好地探索、发现和建构知识。同时，该系列"基于增强现实的交互式儿童多媒体科普电子书"还从儿童知识学习、激发创造、虚拟实验和技能训练等方面，集实物仿真、创新设计和智能指导于一体，具有良好的自主性、交互性、可扩展性和安全性。开发 ARMSEBC 的工具软件包括 Visual Studio 2010 应用程序集成开发环境、Autodesk Maya 2012 三维设计软件、Adobe Master Collection 多媒体设计软件、AR Toolkit 软件包及 C++ 等编程语言。其中 Visual Studio 用于开发 ARMSEBC 的基本框架和用户界面；AR Toolkit 用于提供 ARMSEBC 开发所需的 Marker 跟踪引擎；Autodesk Maya 三维设计软件用于设计和制作 ARMSEBC 系统中的学习内容所包含的三维模型素材；Adobe 的多媒体设计软件主要用于 ARMSEBC 系统中与图书相关的音频、视频、图片等多媒体素材信息的处理。

《多标志齐次变换的增强现实技术与虚拟教育应用》① 基于 AR Toolkit 和 OpenGL 设计开发了一套增强现实的古生物魔法书，包括图形开发类库以及本文的多标志空间齐次变换注册算法，目的是为丰富学习趣味性，能够提高学习效率，探索 AR 技术在虚拟教育中的应用。古生物魔法书的设计分为两个过程：初始化过程以及视频处理和虚实结合过程。在系统进行 AR 交互之前要对摄像头以及标志进行初始化。视频路径存储在 XML 配置文件中，系统读取该文件并打开摄像头配置对话框，用户设置视频以及窗口的相关配置，系统对摄像头进行初始化，然后加载标志信息，开始采集视频图像。首先进行标志图二值化，然后查看是否有匹配的标志存在，如果存在则变换计算机的视频矩阵，利用该标志区域计算摄像机变换矩阵，从而计算出摄像机对标志的相对位置，最后显示出与检测到的标志对应的模型，从用户视点可以同时看到真实的物体和虚拟物体。启动摄像头，然后进入视频处理的主要函数 MainLoopAPI，该循环函数调用 MainLoopAPI 和 keyEvent. MainLoop 函数通过 draw 进行虚拟模型的绘制。开发中使用的硬件平台为：X86PC 兼容系统，NVIDIA Quadro NVS 140M 显卡，分辨率 1400×1050，开发工具为 Visual Studio 2010 和 AR Toolkit 开发包。本魔法书采用的视频采集设备为一台 100 万像素分辨率的普通摄像头，通过 USB 接口与计算机相连，采集速率为 30 帧/s。

《增强现实教科书的设计研究与开发实践》② 的增强现实少儿英语教科书的开发基于 Windows 平台。选择 PC 作为终端进行实例研究，主要是考虑到目前 Windows 系统的方便性与普及性能能为增强现实这类新兴技术提供良好、稳定的运行平台，并能够为学习者提供更好、更具趣味性的程序享受。增强现实系统程序最终以互动 3D 教科书的形式呈现，在传统纸质杂志的基础上，通过增强现实的图像识别技术显示虚拟三维景象的电子书，以实用性和创新性为出发点提供交互，给学习者提供一种全新的阅读体验，使纸质标识物中的教学内容立体化呈现，并允许学习者与系统进行实时交互，使学习者从被动接收信息变成主动获取信息。实现的主要功能包括：①对现实的"增强"，当摄像头对准标识卡片，将看到在卡片上方出现三维场景模型。这

① 谭小慧，周明全，樊亚春，范鹏程，赵春娜. 多标志齐次变换的增强现实技术与虚拟教育应用 [J]. 北京师范大学学报（自然科学版），2013，(2)：29 - 33.

② 周灵，张舒予，朱金付，朱永海，魏三强. 增强现实教科书的设计研究与开发实践 [J]. 现代教育技术，2014，(9)：107 - 113.

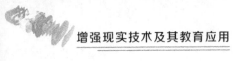

是本系统开发所要实现的主要功能。该功能的评价是基于用户体验的。若程序能运行流畅，移动标识卡片或摄像头不会出现卡屏现象，卡片识别速度快，模型读取速度快，则证明该系统的增强现实功能实现良好。②交互功能的实现。本系统交互功能的具体设计包括：屏幕 GUI 按钮的交互，使用屏幕 GUI 按钮为程序提供虚拟按键交互，比如通过 GUI 按钮改变物体颜色属性，或者改变音量大小等。视音频播放的交互，增加视听体验。标识卡触发交互，例如，点击标识卡片的相应区域，将触发模型的动画播放与停止等。基于平面标志物的增强现实编辑环境采用 Visual Studio. Net2003 和 AR ToolKit 开发包作为开发工具。

《悦趣多：基于增强现实技术的高中通用技术创新教育平台》① 针对越来越多的高中尝试把增强现实技术引入高中通用技术创新设计课程，从而提高教学质量和学生作品的创新力。然而由于教师资源、相关教学设备以及高中生缺乏编程能力的限制，大部分中国高中没有能力建立引入 AR 的通用技术课程。为了解决这个问题，该文基于 John Keller 的 ARCS（即注意 Attention、关联 Relevance、自信 Confidence、满足 Satisfaction）动机激发模型，利用 AR 交互技术和动态编译技术设计实现了名为"悦趣多"的教学辅助系统。系统主要分为三大部分：学习 AR、制作 AR 和展示 AR。学生在主界面实时视频图像下，出示不同的标志点，进入到相应模块。为了使学生容易理解 AR ToolKit 的原理，我们把"基本原理"拆分成"图像处理""3D 建模"和"虚实融合"三部分。在学习完基本原理后，学生通过一个互动小测试来检测自己的学习成果，也可以使用标志点来回答问题。由于高中通用技术课程中涉及了很多如简单机器人设计、城市规划、教育游戏设计和教学仪器制作，因此"悦趣多"主要介绍了四类 AR 应用，即 AR 在建筑设计的应用、AR 在机械设计的应用、AR 游戏应用"悦趣多"在人大附中通用技术课堂的应用和 AR 教学设备应用。"制作 AR"模块允许学生将制作好的 3D 模型动态导入到"悦趣多"中，并和相应的标志点绑定。"展示 AR"模块可以同时显示全部绑定好的 3D 模型。"悦趣多"采用标志点识别的交互方式，学生无论是选择相关的学习课程，还是制作自己的 AR 应用，都需要标志点的参与。因此，需要设计一套有趣的标识点增强"悦趣多"本身的吸引力，

① 魏小东，王涌天，黄业桃，唐东川，施一宁，袁旺，廖阳光，刘越. 悦趣多：基于增强现实技术的高中通用技术创新教育平台 [J]. 电化教育研究，2014，(3)：65－71.

使学生能沉浸在学习知识和设计制作的过程中。"悦趣多"通过九个标志点完成全部输入操作。系统首先通过摄像头采集图像，标志点的信息通过 AR ToolKit 工具生成，包括标志点的序号和变换矩阵，然后由交互命令生成器根据系统所处的功能阶段生成不同的操作指令，XNA 游戏引擎根据不同的指令调用不同多媒体素材来呈现不同功能界面。学生将设计制作好的 3D 模型导出为 FBX 文件并存放在指定目录下。系统会自动检测到 FBX 文件，并利用 MSBuild 动态编译成系统调用的资源。根据操作指令，3D 模型和相应的标志点绑定，绑定关系存储在 XML 文件中。AR ToolKit 在向命令生成器传递标志点编号的同时，也将标志点生成的变换矩阵传给命令生成器，命令生成器也会将标志点的变换矩阵传输给 XNA，XNA 根据变换矩阵实时绘制不同的 3D 模型输出到计算机显示器。

《增强现实技术在晶体结构教学上的应用》[①] 摄像头将拍摄到的真实画面的每一帧传送到增强现实程序，当标识立方体进入摄像机拍摄范围后，Flash AR 应用框架识别出标识的序号，通过序号从参数文件中提取出模型的信息，同时增强现实开发工具通过真实画面进行迭代计算，计算出每个标识图形的三维坐标（包含位置和方向）。Flash 3D 引擎得到模型信息和标识的三维坐标后，导入与之对应的三维模型文件，根据世界坐标系和摄像机坐标系的变换矩阵，渲染出指定位置和角度的虚拟模型（即与标识重叠的虚拟模型）。Flash Builder 将虚拟模型叠加到真实画面，并输出视频帧。Flash Builder 可以将这个增强现实程序打包成一个 SWF 文件。这个 SWF 文件可以直接用 Flash Player 播放器播放使用，即形成了一个单独的应用程序，提供给老师教学或离线使用。同时可以利用 HTML 语言将 SWF 文件嵌入到 HTML 文件，把这个文件上传到搭建好的 Internet 服务器，即可通过互联网在线使用增强现实程序。

《移动增强现实教育游戏的开发——以"快乐寻宝"为例》[②] 提出一个基本的移动增强现实教育游戏可以归纳为六个模块：用户登录模块、视频播放模块、地图定位模块、通信交互模块、增强现实模块和回答问题模块。用户登录模块用于进行用户信息的管理，包括用户名、密码、身份的分类与权

① 曾泰，刘桥. 增强现实技术在晶体结构教学上的应用 [J]. 微型机与应用，2015，（16）：80－82.

② 陈向东，曹杨璐. 移动增强现实教育游戏的开发——以"快乐寻宝"为例 [J]. 现代教育技术，2015，（4）：101－107.

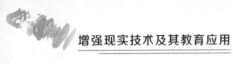

限、历史信息记录与管理等；视频播放模块一般游戏总要叠加一些视频信息，或用于游戏步骤和相关规则的说明，或作为游戏过程中的学习资源；地图定位模块用于设定参与者的位置以及相应游戏资源、标记的位置。除了进行基本的定位以外，往往需要提供一些额外的功能，例如辅助参与者查看周边的事物，确定行动的路线、进行活动的标记等；增强现实模块通常借助图像识别、LBS、指南针等传感器，确定相关标记和实物。或进行标记对应的操作，或调用对应的虚拟信息（例如 3D 模型、文字、声音等多媒体信息），将虚拟信息叠加在真实世界中相应的注册区域；通信交互模块用于参与者之间、参与者与后台程序之间的通信与交流；回答问题模块作为教育游戏，或多或少有一些与知识学习相关的内容。该用于游戏软件与知识库系统、用户之间的交互，例如在游戏过程中要求使用者按照要求做出选择或者回答问题。"快乐寻宝"是一款基于移动增强现实技术的教育游戏，多个手持终端的参与者通过寻找任务、回答问题进行交流与协作，共同完成室外"寻找宝藏"的活动。该游戏事先由老师（游戏管理者）设置好相关的关卡内容，三个参与者根据游戏任务的分工共同闯关，完成游戏。由于游戏的闯关是根据回答问题来进行的，每个角色只能解答一种类型的问题，所以三个角色分别对应三种类型的问题。本次游戏是按照学科划分的问题类型，选择的内容是生物、历史和地理，对应的角色分别是生物学家、历史学家和地理学家，他们共同根据自己的知识，判断与"宝藏"有关的信息。当然，在后续的游戏中，可以根据任务的不同，改变题目和角色类型。参与者通过登录游戏界面，获得游戏参与资格之后，开始游戏。参与者首先观看以视频方式呈现的游戏规则，然后在游戏指定的地图上寻找游戏中的任务。找到目标之后，通过增强现实模块扫描设定的任务标记，扫描时任务以增强现实的方式呈现出来，通过回答问题，确定找到自己所完成的任务。对应的题目呈现在移动设备界面上，在规则内完成答题，会显示游戏的提示信息。三个参与者在汇总各自获得的提示信息后，通过关卡，共同完成游戏中"宝藏"的获取。游戏有一定的时间限制，如果超过了时间点，则游戏失败，"宝藏"被隐藏，如果在游戏规定时间之前完成，则按照时间的长短给出不同的"宝藏"。本系统是一个可扩展的游戏，要求学生回答的学科知识、关卡的长度、"宝藏"的形式、内容与地点。任务设置的地点都可以由老师自主设定，根据不同的年龄、学段和活动类型，设置不同的内容。在本案例实施过程中，则选取了初中相关学科的一些内容。游戏选择在 Android 平台上运行，通过 Eclipse 平台开发，增强现实工具使用 Metaio 提供的相关技术整合，最终完成游戏的开发。Metaio SDK 是可直接用于开发的一套类库，因而可以自由地开发出在移动平台上运行的增强现实应用。

《基于增强现实技术的"机械设计基础"课程教学改革探索》① 利用增强现实技术制作一本介绍机构运动简图画法的、基于图片的"魔法书"。学生利用手机拍摄到"魔法书"上的机构图片，则会在手机屏幕上自动呈现出该机构的三维模型、运动简图的绘画思路、画法以及自由度计算等。

《基于增强现实的移动学习实证研究》② 设计和开发了一套基于 Android 平台的增强现实移动学习工具"ARTool"。借助智能手机的强大功能，以该工具为核心，设计和配套了相应学习资源，开发出基于情境的探究性学习活动方案，并进行实证研究。ARTool 具有如下几个功能：①虚拟信息与现实景物叠加。信息点是数据的基本单元，包括方位信息和所在地点的说明材料。ARTool 可在移动设备的摄像头界面显示实时影像，并叠加信息点图标和方位信息。学习者可以根据屏幕的指示判断信息点的位置，进而沿着该方向去寻找信息点。②信息点的多视图展示。除摄像头界面外，还提供列表界面和地图界面两种视图，学习者都可以通过任一视图查看信息点或学习内容。ARTool 还为学习者提供了关于信息点的相关知识，可包括文本、图片、视频片段等多媒体资料。③记录学习轨迹。学习者在完成一个信息点的学习之后，可使用签到功能，程序会记录学习者的学习轨迹和进度。ARTool 的下一个版本还会提供轨迹绘制报表功能。④创建新内容。学习者可以用手机创建的新信息点，拍摄相关图片、添加文字描述，并自动记录地理坐标，提交到服务器，这些新资源可以开放给整个平台的其他使用者共享。该软件支持两类学习活动：一是户外探究性学习，通过 GPS 定位获取位置信息并在屏幕上的实物对象叠加相关信息（包括文字、图标、网页信息等），引导学习者完成学习体验；二是学习者创建学习内容的活动，即将学习者自行标记的新信息点作为学习内容，并提交到服务器，其他学习者可共享或评价。ARTool 软件基于 Android 平台开发，目前支持 AndroidSDK 1.6 以上版本，并需要手机或平板电脑具有摄像头和 GPS 模块。该软件是一种运行于手机或平板电脑之上的移动应用，依据 Android 应用的开发惯例，在软件结构上主要分为 UI 层、调

---

① 左大利. 基于增强现实技术的"机械设计基础"课程教学改革探索 ［J］. 教育教学论坛，2012，(11)：131 – 132.

② 李青. 基于增强现实的移动学习实证研究 ［J］. 中国电化教育，2013，(1)：116 – 120.

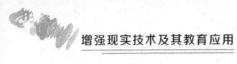

度层和应用服务层。各层分别承担以下功能：①UI 层主要由一些 Activities 和 Views 组成。其中，主要的显示界面有 CameraView、MapView、ListView、WebView 以及 SignView，实现了增强现实技术的叠加现实效果，以及列表、地图、签到界面等。②调度层由服务管理模块、服务绑定模块、消息转发模块和异常通知模块组成，主要完成 UI 层与后台服务的交互，包括信息传递、异常处理等。③应用服务层由 Service、Receiver 和 Content Provider 组成，负责与系统进行通信、监控系统行为并处理，以及与调度层进行消息通信，主要包括数据的读写、获取信息点的内容以及更新定位信息。ARTool 安装在手机上的客户端软件，它所对应的服务器端应用包括 Web Service 接口、数据库和一个简单的后台管理界面。ARTool 的服务器端软件应用 Ruby on Rails Web 框架开发，运行于 CentOS Linux 服务器上，主要用于发布和维护信息点信息、记录用户行为信息和汇总分析报告。客户端会在以下几个事件触发时和服务器通信：①在程序载入的时候从服务器下载全部信息点数据；②查看信息点时通过内嵌的浏览器服务器下载信息点的多媒体信息；③提交用户的签到信息到服务器以跟踪用户活动；④添加新的信息点信息到服务器。

《基于增强现实的教学演示》[①] 将 AR 技术应用于课堂演示，设计开发了日地月课堂演示系统，涉及需求分析、场景开发、交互设计、教学策略选择、课堂互动等多个环节。该演示系统以认识太阳、地球、月球以及日食、月食现象为主，其内容属于六年级科学课的内容。这部分的教学目标是认识太阳、地球、月球三个天体的运动，知道日食和月食是太阳、地球、月球运动时形成的天文现象。在一般的课堂中，教师都会采取演示实验的方法，虽然传统方法可以演示出日食、月食形成的原理，但演示时不易操作，对观察角度的要求较高，所以导致演示的效果不理想，学生不容易观察到清晰的日食月食现象。本系统将 AR 技术应用于日地月课堂演示，采用的是"摄像头＋计算机＋显示器"的实现方式。使用者控制标记，摄像头捕捉真实场景中的标记，计算机分析摄像头捕捉到的画面，识别标记并将所对应的虚拟物体展示在真实场景的坐标系中，最后将虚实的画面结合，输出在显示器中，其中的交互动作由标记与键盘的控制来实现。系统采用 Virtools 为主要开发工具。Virtools 是一套具有丰富互动行为模块的实时 3D 环境虚拟现实编辑软件，它以面向对象的方式组织所有元素，如 2D、3D、文字、音频等素材，通过

---

① 陈向东，张茜. 基于增强现实的教学演示 [J]. 中国电化教育，2012，（9）：102 – 105.

Building – Blocks（简称 BB）行为模块来实现行为设置，其功能相当于图形化的函数。太阳、地球、月球分别由不同的标记控制，使用者可以选择摆放不同的标记来控制显示器中演示的内容，三个星球可以分别出现，也可以同时出现。另外，使用者改变标记的角度，显示器中星球的角度也随之改变，移动标记可以达到放大与缩小的效果，标记靠近摄像头则放大，远离摄像头则缩小，符合人体近大远小的视觉规律。在实际的课堂教学过程中，该系统的演示过程分为三个阶段：第一阶段是个体识别。教师先用三个标记分别展示太阳、地球、月球，学生也可以自己用标记展示三个星球。通过这一环节让学生从各个角度细心观察三个星球，使学生熟悉并且能够分辨三个星球的差异，了解三个星球的外貌特征，为系统整体演示打下基础。第二阶段是系统识别。在这个阶段进行三个星球的系统演示，教师或者学生组合使用两个或三个标记，先让学生识记日地系统、地月系统，再让学生识记日地月系统。演示者控制标记使三个星球同时出现在画面中，再通过键盘控制星球的运动，演示地球自转、月球围绕地球旋转、地球与月球一起围绕太阳旋转。演示时可以选择不同的旋转速度以便观察。这一环节让学生了解太阳、地球、月球的运转情况，为日食与月食概念的引出做铺垫。第三阶段是认识日食与月食。通过前两个阶段的演示，学生已经认识了太阳、地球、月亮的个体特征以及它们的运转情况，并能够熟练掌握演示的操作技巧。这一阶段教师可以让学生自己动手，调整地球、月球的位置，发现日食、月食是在何种条件下形成的，充分发挥学生的探索精神与创造性，在学生自己发现一定规律的时候，教师再加以归类与总结，使学生真正掌握日食、月食形成的条件这一教学重点与难点。

从表 2 – 7 可以看出，主要的开发环境包括开源 Eclipse 和 Visual Studio。其实增强现实教育应用开发有更好的选择，即 Unity 3D。它主要用于"创建游戏和交互式 3D 和 2D 体验，如培训模拟、医学和结构可视化"，它制作的应用兼容性好，能够开发跨越移动、台式机、Web、游戏主机和其他平台的各种应用[①]。Unity 对教育行业用户采取了开放的态度，其最新 Unity 5 Personal Edition 对学生和教师免费使用，并且提供大量教程视频、示例项目和社区资源用来支持学习。

---

　　①　Unity. Company Facts［DB/OL］.（2016 – 01 – 28）. http://unity3d. com/public – relations.

表 2 - 7　增强现实教育应用产品开发分析

产品开发文献	技术方案（开发环境＋增强现实软件包）	应用环境
增强现实学具的开发与应用——以"AR 电路学具"为例	开源 Eclipse + NyAR ToolKit for Processing（AR ToolKit 的 Java 版本）	桌面单机
增强现实技术支持下的儿童虚拟交互学习环境研发	Visual Studio 2010 + AR Toolkit	桌面单机
多标志齐次变换的增强现实技术与虚拟教育应用	Visual Studio 2010 + AR Toolkit	桌面单机
增强现实教科书的设计研究与开发实践	Visual Studio 2010 + AR Toolkit	桌面单机
悦趣多：基于增强现实技术的高中通用技术创新教育平台	开源 XNA（主要面向 Xbox 开发，2013 年 2 月微软就已停止更新）＋ AR Toolkit	桌面单机
增强现实技术在晶体结构教学上的应用	Flash Builder + FLAR ToolKit（AR ToolKit 的 Flash 版本）	桌面单机与桌面网络
移动增强现实教育游戏的开发——以"快乐寻宝"为例	开源 Eclipse + Metaio SDK（2015 年 5 月被苹果公司收购后遭雪藏，新用户无法使用）	安卓平台
基于增强现实技术的"机械设计基础"课程教学改革探索	没有说明技术方案，自称基于图片识别技术	智能手机，没有说明操作系统
基于增强现实的移动学习实证研究	开源 Ruby on Rails 开发环境，文中没有说明使用何种增强现实软件包（SDK），也没有说　明采用何种标识技术	安卓 1.6 以上
基于增强现实的教学演示	Virtools + Building - Blocks	桌面单机

　　现有研究主要采用了 AR Toolkit 作为增强现实软件包。AR Toolkit 最初由日本大阪大学加藤弘一（Hirokazu Kato）教授开发，而后受美国华盛顿大

学和新西兰坎特伯雷（Canterbury）大学的人机交互技术实验室支持的开源 SDK[①]。早期的增强现实应用多使用 AR Toolkit 进行开发，但是随着技术的进步，它的缺点越来越明显，例如只能识别黑白框的标识、不美观、不能被遮挡、容易受到光照影响，不支持图片和 3D Object 识别，属于即将被淘汰的技术。

本研究推荐采用 Vuforia 作为增强现实开发软件包。尽管 Vuforia 5 以后提出了收费计划，但主要针对商业应用，对于普通开发者（Starter）可选择有限制的免费方案，即功能与商业收费版本相同，一样可以识别"图像、物体、圆柱体、用户定义的目标、帧标记、文本和智能地形"，享受云识别服务，但是需要加水印、最高 1000 次云识别/月、最高 1000 种识别对象/月。[②] 这样的条件对于普通开发者和教育用户已经足够。

受技术方案的限制，现有增强现实教育应用的发布环境具有很大局限性，大多数是桌面单机版应用，只能在电脑附近活动，没有有效发挥增强现实"情境感知、场景增强"的优势；少数基于智能手机应用也只是基于安卓平台，不支持 IOS 操作系统、游戏主机和其他平台，限制了应用范围。

四、教学应用研究成果分析

增强现实教育研究文献中有 7 篇进行了教学应用、实际检验产品或理论设想。从研究设计与研究方法来看，增强现实教学应用文献较为规范，有 5 篇应用了实验法，安排了实验组和对照组比对分析。

其中魏小东、王涌天[③]等人基于美国心理学家约翰·凯勒（John Keller）提出的 ARCS（Attention 注意、Relevance 关联、Confidence 自信、Satisfaction 满足）动机激发模型设计了"悦趣多"增强现实教学辅助系统，进而开发出传统桌面的应用并在人大附中开展 AB 班的实验对比，证明"悦趣多"的教学有效性。研究选择了两个实验班，每个班有 12 个高中二年级的学生。A

①　AR Toolkit. Introduction［DB/OL］.（2016 - 02 - 18）. http://www. hitl. washington. edu/artoolkit/.

②　Vuforia Developer Portal. Pricing Overview［DB/OL］.（2016 - 02 - 18）. https://developer. vuforia. com/pricing.

③　魏小东，王涌天，黄业桃，唐东川，施一宁，袁旺，廖阳光，刘越. 悦趣多：基于增强现实技术的高中通用技术创新教育平台［J］. 电化教育研究，2014，（3）：65 - 71.

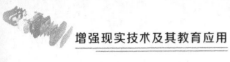

班采用传统的教学方式，B 班利用"悦趣多"教学辅助系统进行教学。两个班都采用相同的教学流程，每个班的学生分成四个学习小组，每组三位同学，选出组长，要求每个小组完成一个 AR 应用作品。具体实验过程如下：第一步 A 和 B 班通过教师讲解的方式，学习 3D 建模软件。第二步 A 班学生通过教师讲解的方式学习 AR 基本原理，B 班学生通过"悦趣多"学习 AR 基本原理。第三步 A 班同学根据教师讲解的各种 AR 应用来讨论设计自己的 AR 应用；B 班学生通过"悦趣多"了解 AR 的相关应用，并亲自动手感受 AR 应用的特点。第四步两个班的学生都在各个小组长的带领下制作自己 AR 应用需要的 3D 模型和真实场景需要的实物。第五步 A 班同学依靠教师编程完成作品；B 班同学将自己制作的模型动态导入到"悦趣多"系统中，并根据需要绑定相应的标志点，实现 AR 应用。第六步 A 班学生讲解自己的创新思路；B 班同学利用"悦趣多"的展示平台展示自己的创意理念。

悦趣多对学习动机的影响试点教学完成后，对全部学生作了有关学习兴趣的调查问卷。调查问卷采用五点李克特量表设计。调查项目如下：①我觉得 AR 技术基本原理理解起来不是太容易；②我还想进一步学习 AR 技术；③我觉得 AR 应用十分有趣；④我觉得 AR 应用实现起来不是太困难；⑤我觉得展示自己的 AR 设计十分有趣。利用配对样本 T 检验，对 A、B 班调查问卷的数据进行了统计：第一个问题的对比结果（Pair 1，$t = 0$，$p > 0.05$）显示，A、B 两个班的学生对 AR 技术的初步认识都是一致的，大部分的学生觉得 AR 基本原理比较难理解。第二问题对比结果（Pair 2，$t = -3.317$，$p < 0.01$）显示 B 班学生想进一步学习 AR 原理的意愿远远高于 A 班。第三个问题的对比结果（Pair 3，$t = -2.345$，$p < 0.05$）显示，通过亲自体验 AR 应用的 B 班学生对 AR 应用的兴趣感要大于 A 班学生。第四个问题的对比结果（Pair 4，$t = -2.803$，$p < 0.05$）显示，B 班学生认为 AR 应用实现的难度要低一些。第五个问题的对比结果（Pair 5，$t = -3.317$，$p < 0.01$）显示，B 班学生认为通过自己完成 AR 应用带来乐趣感要比 A 班学生依靠教师实现 AR 应用带来的乐趣感强。综上所述，"悦趣多"对促进学生学习兴趣起到了积极的作用。

"悦趣多"对学生作品创新力的影响。在学生展示自己 AR 应用设计阶段，研究聘请了四位具有两年以上从事高中通用技术创新设计研究的硕士研究生作为评委，利用创意产品语义量表给每个小组最后的作品作创新力评定。创意产品语义量表（Creative Product Semantic Scale，简称 CPSS）是非专家评估者对产品创新力的评估方法。量表主要有三个向度："新奇性"（Novely)、"解决性"（Resolution）、"精致与整合"（Elaboration and Synthesis）。原版的 CPSS 每个向度还有子向度，共计 55 个子向度，都是由不同的形容词构成的并采用李克特量表进行评估。考虑到采用这么多的子向度评估学生作品，会消耗评估者大量的时间和精力，研究最终采用 White 和 Smith 的方法选择了 15 个子向度作为评定学生 AR 应用设计作品的依据。利用配对样本 T 检验对学生作品的评定结果进行了分析，统计结果显示"新颖的""不同寻常的""唯一的""原创的""新潮的""合逻辑的"六个子向度基本没有明显变化。说明无论学生通过教师帮助还是使用"悦趣多"都没有明显提升创新作品的新奇性和解决性。主要原因是通过教师整合的 AR 应用可以加入更多的多媒体素材，如声音、视频、二维动画等，而"悦趣多"目前只能动态地将 3D 模型编译到系统中，这使得学生作品素材单一，从而使学生作品的新颖性没有得到改观。但"充足的"（$t = -5.196$，$p < 0.05$）、"巧妙的"（$t = -5$，$p < 0.05$）、"做工精良的"（$t = -5$，$p < 0.05$）、"精心制作的"（$t = -5$，$p < 0.05$）、"一丝不苟的"（$t = -5$，$p < 0.05$）、"认真的"（$t = 5.196$，$p < 0.05$）子向度有了明显提升。这说明学生利用"悦趣多"实现 AR 应用能够将自己的作品调整得更精致，功能更完整。在作品设计的整个过程中，学生充分实践了 AR 应用创新的设计、构思、权衡、优化、实验、结构、流程、系统等，从而使得学生作品的创新力有了提升。

张燕[①]应用"经验之塔"理论开展"平面、实物模型、3D 动画、虚拟现实、增强现实"教学媒体比较实验，证明增强现实教学媒体在展现科学结构和科学过程知识内容方面，较其他常见的教学媒体可以使学习者更好地获得和理解相关知识，达到更好的认知效果。具体验证过程如下：根据"经验之塔"模型，"做的经验"由有目的的直接经验（做）、设计经验（理解）和参与活动（演戏、表演）构成。结合学习者知识理解的相关属性选择了"动手操作经验、互动体验经验和沉浸感"三个待测指标；"观察的经验"层面包含了观摩示范、见习旅行、参观展览、电影电视和录音广播幻灯照片五种具体经验。结合学习者传递的知识理解相关属性，研究赋予"观察的经验"观察指标为：展示内容（结构观察和过程了解）、观察视角灵活和视听感受。"抽象的经验"包含视觉符号和语言符号两个符号经验，多数为理解抽象的学习内容时所需的符号经验。目前常见的教学媒体对"抽象的经验"

① 张燕. 从"经验之塔"理论看增强现实教学媒体优势研究 [J]. 现代教育技术，2012，（5）：22 - 25.

主要表现在认知效果方面。结合"抽象的经验"和知识理解的相关属性将待测指标设为认知表象和认知本质。研究将 9 个教学效果变量因子和常见的教学媒体结合，调查实施：①测试教学内容选择，由于教学内容十分广泛，研究经过比较选取了展现科学过程和科学结构这两个领域的教学内容。在展现科学过程的教学展示模式选取了万向节和椭圆规两个具有代表性的事物；在展现科学结构的教学展示模式选取了金刚石和碳 60 两个典型模型。②测试者筛选根据教学媒体的适用范围，研究划分了五组测试者范围。第一组为中学生，第二组为本科生，第三组为研究生，第四组为博士生，第五组为大学教师。每组选取 6 个测试者，一共 30 个测试者。③测试方法，根据上文对常见教学媒体的分类，研究对已选取好的四个教学内容模型进行目前常见的教学媒体的设计。每个教学内容模型渲染制作了增强现实教学内容模型、3D 教学内容模型；制作了 PPT，并找到该教学内容模型的实物。测试时，将五个小组的成员分开测试。被试者在测试前对所选取的四个模型相关知识了解程度相近。研究让每个被试者分别观看或实践同一教学内容模型的 PPT、3D 动画，自己操作实物模型、虚拟现实教学内容和增强现实教学内容。通过对 30 个测试者进行测试，统计分析出以下结论：与实物模型教学媒体相比，增强现实教学媒体在"做的经验"上得分稍低，但是在"观察的经验"和"抽象的经验"略高。由于实物模型教学媒体能够提供更强的真实体验，使学习者在"做的经验"上得分比增强现实教学媒体稍高，但增强现实教学媒体结合 CG 的特征，学习者的视听感受和认知感受相对较好。同时，在教学传播过程中，实物模型便携性较差，不利于大量及快速的传播，而增强现实教学媒体相对而言便携性及传播成本更有优势。对于不易构造实物模型的复杂结构及过程展示类相关知识，增强现实教学媒体通过 3D 模拟渲染，能够使学习者更有效更深层次的学习相关知识，获得实物模型所难以实现的体验和认知。除实物模型教学媒体外，增强现实教学媒体在"做的经验""观察的经验"和"抽象的经验"三个层面的调查结果表明，相比除实物模型教学媒体外的其他常见教学媒体，增强现实教学媒体在"观察的经验"和"抽象的经验"层面上得分最高。这也从实证的角度验证了上文的对比分析。

为验证基于增强现实的移动学习的实用性和教学效果，李青[①]选择"微波技术与天线"课程，设计了相应的探究性实践学习活动。该课程是电子信

---

① 李青. 基于增强现实的移动学习实证研究 [J]. 中国电化教育，2013，（1）：116 – 120.

息工程专业的专业选修课，要求学生通过学习掌握微波技术与天线的基本概念、原理，掌握分析方法，并能应用于实际工程。以往的教学设计中，学生完全在课堂上学习，对于天线的知识采用文字和图片的形式介绍，比较抽象。学生对学习内容无切身体验，不容易理解，印象不深刻，动手能力差。研究基于 ARTool 的功能设计了相应的实践活动，将移动学习技术应用于教学中，整合课堂学习和户外探究，加深了学生对相关知识的理解，并提高了学生操作能力。研究使用实验研究、问卷调查和深度访谈三种方法开展研究。

实验研究。实验对象为北京邮电大学通信与信息系统专业学生，共 40 人（实验组、对照组各 20 人）。实验组配备 Android 智能手机 20 部，对照组无设备要求。实验组的学习流程分为三个阶段，共 120 分钟：①第一阶段 40 分钟，由教师在教室中讲解微波天线的基础知识；②第二阶段 60 分钟，学生走出教室，在户外利用手机上的 ARTool 完成探究性学习，找到该程序中预先标定的天线，到现场观察天线的特点并完成简单练习以强化学习，然后在校园中寻找 1~2 个未标记的天线，提交到 ARTool 中；③第三阶段 20 分钟，学生重新回到教室，完成课题组发放的习题和问卷。对照组实验时间为 60 分钟，不包含的第二阶段的活动。

问卷调查。研究以问卷的形式调查了学生对实验的反馈情况。实验组的问卷包含了概念认知、感知有用性、使用态度、限制因素、感知易用性、行为意图共 6 个维度 13 个问题，用于调查参加活动的学生对增强现实和移动学习的认识、知识的掌握程度，以及对增强现实技术应用于移动学习的态度。对照组问卷比较简单，仅设计了 4 个问题，分别考察了学习效果、对增强现实学习活动的兴趣、移动学习发展可能存在的阻碍因素，以及对移动学习的建议。在正式调查前，课题组对问卷进行试用，并根据反馈对问卷中测量指标作了修正。

深度访谈。除了问卷调查以外，课题组还访谈了参与实验的部分同学，了解他们对于本次实验的看法和建议，并挖掘其背后的原因。例如，某同学对问卷第 9 题"借助移动终端开展的实践课程相比传统的课堂教学，学习者对知识的掌握更为高效"表示强烈反对，通过访谈了解到，他认为移动终端的主要用途是娱乐而非学习，真正能提高学习的方法还是靠传统的学习如看书、读文档等。研究还访谈了对照组中的数名同学，同学们普遍认为课堂学习是有效的，但同时觉得比较单调。研究了解到，移动学习对大部分学习者来说是有一定的吸引力的，但并非必需品，学习者虽然能够适应移动学习模

式，但还未形成习惯。他们对此类学习方式抱有新鲜感，对这项技术的巨大潜力认识不高，也没有太大的期望。移动学习应用推广速度缓慢，一方面是技术门槛的限制，另一方面则是缺乏既精通移动应用又有教学资源设计开发能力的多面手。

通过移动探究学习实验和深度访谈发现，学生对于增强现实技术的了解程度较低，很少有人体验过；基于增强现实的移动学习能够较好地提高学习者的学习效果；"借助手机开展学习"的学习形式受学习者青睐；学习者参与移动学习不多，上网费用较贵或是一个主要原因；大多数学习者支持移动学习方式，并希望在学习中多开展此类的教学活动；应用于本次实验的 AR-Tool 软件交互效果良好、用户体验较好。

第三节　结论与建议

一、共建增强现实应用研究平台

打破校园藩篱，开展校企合作，各取所长，共建增强现实教育应用研究平台。从前文数据统计可以看出，增强现实教育应用研究文献的作者全部来自高校，没有企业人士。这是当前增强现实教育应用研究队伍很重要的一个缺陷。因为增强现实应用开发包括三维建模、人机交互设计、计算机程序设计等技术，具有相当高的门槛。作为高校的研究人员很难掌握其技术全貌，同时技术细节熟练掌握也不应该是高校研究人员的追求目标。

高校研究人员应该加大与行业企业合作，研究人员主要承担用户需求分析、人机交互设计、教学应用研究设计与实施的工作，企业则专注于产品的技术实现，双方各展所长，共同形成增强现实教育应用研究平台。

二、引导更多学科开展教学应用

走出单一学科的小圈子，引导更多学科开展增强现实教学应用，扩大技术应用面。目前增强现实教育应用研究者主要来自于教育技术、计算机科学和数字媒体这三个学科，研究内容也多集中在理论研究和产品开发研究，来自教学应用层面的研究较少。从生命周期角度来看，增强现实教育应用研究还处于成长阶段。成熟期的增强现实教育应用研究应该存在大量教学应用研究，因此有必要引入更多学科加入研究队伍，例如教育学的其他二级学科（如学前教育、职业教育、特殊教育、教育学原理），适合增强现实教学应用的学科（如科学教育、工程机械教育、甚至是历史教育等），共同扩展增强现实教育研究的应用面和影响力。同时，多学科的增强现实教育研究还有助于科研项目立项，利于克服增强现实教育应用研究得到省部级或以上的项目支持不多的问题。

三、加大实证研究力度

摆脱坐而论道，坚决减少纯理论研究，行动起来，加大实证研究。"教育技术研究身处'理论与实践结合、理论指导实践'的第一线，实证研究应当大有用武之地"①，同时作为技术性非常强的增强现实教育应用更应该以实证研究为主。令人遗憾的是目前增强现实教育应用研究以理论研究为主流，占据了 65% 的份额。本章不是说不能做理论研究，但是作为技术解决教育问题为安身立命之本的教育技术也以理论研究为主的话，教育技术学与教育学原理又有什么区别。长此以往，教育技术学作为二级学科，在教育学中又有什么存在价值。

四、紧跟增强现实技术发展脚步

弃用落后技术，紧跟技术和应用的发展脚步。前文建议高校研究人员加大与行业企业合作，研究人员做需求分析和教学设计，企业做技术实现。但这绝不意味着增强现实教育研究人员不需要了解增强现实技术细节，例如增强现实标识技术由二维码的 AR Toolkit 向支持自然特征识别的 Vuforia、Metaio 过渡，Unity 的跨平台输出与收费政策，基于智能手机的增强现实正在成为主流，等等。现有研究仍然存在以 AR Toolkit 作为增强现实 SDK、跨平台支持不好、桌面应用为主等问题。因此，面对增强现实技术的快速发展，高校研究人员必须紧跟发展的脚步。

---

① 朱书强，刘明祥. 实证研究方法在教育技术学领域的应用情况分析 [J]. 电化教育研究，2008，(8)：32-36.

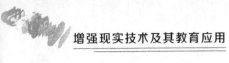

　　本章撰写时，正值 Pokemon Go（精灵宝可梦）增强现实游戏全球大热之际。作者为增强现实应用兴起感到欣喜的同时，更多的是为增强现实教育应用感到警惕与不安，教育技术领域已经经历了太多新技术、新应用勃兴时的烈火烹油，而后的平淡、沉寂，甚至湮没。因此期望在更多研究者加入到增强现实教育研究队伍的同时，大家一起沉下心来做好基础性工作，让增强现实教育研究之路走得更稳、更远、更久。

第三章 增强现实教育应用的国外案例分析

国外增强现实教育应用的案例分析主要包括基于移动终端的增强现实教育应用分析和增强现实教育游戏分析两类。移动学习（Mobile Learning）是一种在移动设备帮助下能够在任何时间、任何地点发生的学习，移动学习所使用的移动计算设备必须能够有效地呈现学习内容并且提供教师与学习者之间的双向交流。将计算机增强现实技术运用到移动学习应用中，给学习者创造了更真实的用户体验，使他们能够随时随地身临其境地感受学习内容，进而促进知识的建构过程，提高学习效率。相关研究和实践在一些国家和地区已经取得了较大的进展，而我国在这一方面还仅仅处于起步阶段。立足于上述现实，本研究收集本领域的海外教学案例，了解国外增强现实在移动学习领域的应用现状，把握该领域的国际动向，掌握海外研究项目的推行背景、面向学科、学习理论、教学对象，并研究教学实验使用的 AR 应用及其开发平台，对海外具有代表性的几个国家和地区的教学案例进行了分析，并从中总结出对我国基于增强现实的移动学习的发展思路和方向。

第一节 增强现实移动教学案例分析

一、美国哈佛大学的 EcoMOBILE 项目①

EcoMOBILE（Ecosystems Mobile Outdoor Blended Immersive Learning Envi-

---

① Amy M. Kamarainen, Shari Metcalf, Tina Grotzer, Allison Browne, Diana Mazzuca, M. Shane Tutwiler, Chris Dede (2013). EcoMOBILE: Integrating augmented reality and probeware with environmental education field trips [J]. Computers & Education (68): 545 –556.

ronment，户外生态系统混合沉浸式移动学习环境）是由美国国家科学基金会资助，高德公司和德州仪器公司资源支持的移动学习项目。该项目将增强现实技术应用到环境学户外实践教学中，以情境学习理论为指导开展教学实验，学习者运用 AR 设备及环境探测设备进行移动学习。

教学活动包括实地考察前的理论课程学习、实地考察以及考察后的调查总结。实验前，教师提供内容短片给学生，包括各种环境变量的定义、水质变量的变化范围以及水质改变的原因。实地考察时，学生使用装有增强现实 APP、Fresh AIR 的智能手机进行热点探测，并通过触发相应热点查询有关多媒体信息，包括文字、图片、音频、视频、3D 模型及动画。教学活动结束后，组织者进行数据分析和整理，包括学生的情感认知、内容理解，并分别对学生和教师进行访谈。

实验数据表明：增强现实技术的应用对教学活动有多重意义，技术提供了"以学生为中心"的教学策略，使互助学习、协作学习及教师一对一的指导变得更加容易。同时，在 AR 技术的帮助下，学生更容易掌握复杂实验仪器的使用方法，教师的教学活动方法也将更加灵活丰富。

此教学案例的教学过程以移动学习理论和情境学习理论为指导，以移动技术支持情境学习。学习者在具体的情境中通过协作和互动完成对知识的建构过程。配有 AR 功能的智能手机为情境式学习的开展带来了形式上的多样性，帮助学习者在面临具体情境、活动场景和文化背景中开展特定的学习。学习者在学习的过程中使用智能手机作为学习的辅助工具，将学习从传统的教室搬到了具体的情境中，在学习的过程中通过考察验证、协作和互动等灵活多样的方式完成知识的建构。移动设备和增强现实技术的结合为学习过程提供了"以学生为中心"的教学策略，使学生的学习兴趣更加浓厚，更加乐于主动探索，同时为教师提供了灵活多样的教学策略。

二、增强现实技术在物理实验中的应用[①]

该教学实验由新加坡国立大学的几名教师设计并完成，目的是研究移动

① Tzung‑Jin Lin, Henry Been‑Lirn Duh, Nai Li, Hung‑Yuan Wang, Chin‑Chung Tsai (2013). An investigation of learners' collaborative knowledge construction performances and behavior patterns in an augmented reality simulation system [J]. Computers & Education (68)：314–321.

协作增强现实仿真系统对学习者的知识建构过程和知识内化过程影响如何。

实验将40名大学生平均分成2组，AR实验组和对照组，并通过先行测试确认两组学生对"弹性碰撞"的相关内容均不了解。实验中的AR体验使用"AR Physics system"（增强现实的物理系统），应用的标记检测和物理仿真在服务器端运行，运行结果显示在智能手机上。AR组学生通过从不同角度观察实验过程的3D模型，即实现了实验过程的可视化，并为学习者在体验真实情境时提供相关参考信息。实验过程中，首先要求学生独立阅读关于"弹性碰撞"的教学资料，继而对他们进行测试，判断学生对学习内容的接受情况。然后，学生使用"AR Physics"进行碰撞实验。实验后，再次对两个小组进行测试。

测试结果表明，AR实验组学习者的成绩更加优秀，并通过滞后序列分析法分析后得知，在两个分组中，AR实验组在知识建构过程中获得了更多的知识。根据温伯格（Weinberger）和费舍尔（Fischer）的协作知识建构理论，AR实验组学习者完成了PS（问题的理解过程）—CS（相关概念的讨论过程）—CPS（设法解决问题的过程）三个连续的阶段，即参与、认知、争论、协同建构的社交维度①。

本实验以"协作知识建构理论"为支撑，在教学过程中，AR实验组学生在移动协作增强现实仿真系统的帮助下，通过三个连续的阶段进行知识建构，PS－PS，CS－CS，CPS－CPS。连续的PS过程促进了学习小组成员知识的初步建构，而连续的CS过程中，小组成员通过讨论、复述、总结理论概念和规则，进行理论概念的澄清和理解。CPS则是学习者将理论概念与实际应用之间建立联系的过程。在AR系统的帮助下，AR实验组的学生更容易产生PS和CPS之间的双向转变，并且学生在拿到学习任务后，能够很快在屏幕上看到仿真结果，并根据结果来重新建构概念和规则，进而进行进一步的讨论。这种双向的知识建构过程更有利于学生对知识的理解和应用。

① Lin T J, Duh H B L, Li N, et al. An investigation of learners' collaborative knowledge construction performances and behavior patterns in an augmented reality simulation system [J]. Computers & Education, 2013, 68: 314 – 321.

三、增强现实在数学非正式学习环境中的应用①

这是欧洲列支敦斯登大学开展的教学实验，将增强现实技术运用到数学展览中，对学习者的学习过程和结果进行衡量，旨在研究 AR 技术对学习者在非正式学习环境的知识建构有怎样的影响。

实验的参与者是被招募来的 101 名参观者，包含不同性别、年龄段以及受教育程度。AR 体验是使用 Aurasma Studio（Version2.0）设计，为 12 个参展内容分别设计独立的增强现实应用。其中 9 个是通过视频＋音频的方式来增强用户体验，负责人对参展内容进行讲解，另外 3 个则是对展览内容进行动画展示。实验将参观者任意分为两组，在平板电脑上使用 Aurasma 应用，通过触摸屏幕上的热点图像进入增强现实界面。所有的平板电脑都配备了耳机，保证参观者能够专心地收听内容讲解。其中，每个增强现实应用只允许其中一个小组体验。因此，对每个参展内容，只有一半的参与者能够接触到虚拟内容，另一半则通过真实接触的方式体验。

实验结束后，组织者进行了严密的数据分析，分析结果表明实验假设成立，即增强现实体验的测试成绩明显优于未体验者。同时发现测试结果与参观者的性别、受教育程度关系并不密切，然而与年龄却有很大的关系。体验了增强现实应用的参观者中，年龄介于 41—60 岁与 14—20 岁之间成绩差异显著，41—60 岁与 61—79 岁也存在明显差异，但对于没有体验增强现实的小组，年龄之间的差异并不大。除此之外，大多数的参与者表示，AR 移动APP 在展会上对非正式场合的学习起到了有效的辅助作用，而且这些应用设备的使用并未给他们带来任何压力，参观者们都希望在以后的展览中能有更多的机会通过这种方式进行学习。AR 在展览馆里已不仅仅是有效的学习工具，更成为了一门新兴的技术。

此教学实验以多媒体学习认知理论（Cognitive Theory of Multimedia Learning，CTML）为支撑。CTML 理论可以通俗地理解为人们通过语言和图

---

① Peter Sommerauer，Oliver Müller（2014）. Augmented reality in informal learning environments：A field experiment in a mathematics exhibition［J］. Computers & Education（79）：59–68.

片等多媒体信息学习的效果明显优于仅靠语言传递的学习①。该理论基于三个假设：人类信息加工系统包括视觉/图像加工和听觉/语词加工双通道，即双通道假设②；每一通道的加工能力是有限的，即有限能力假设③；在获得多媒体呈现材料的意义时，大脑进行主动的认知加工，即主动加工假设④。实验者认为设计良好的 AR 应用符合多媒体认知原则，即空间临近原则，暂时接触原则，形态原则以及符号原则。AR 用生动形象的虚拟信息代替文字表述，具有更好的学习效果。

四、增强现实在电磁学实验中的应用⑤

西班牙马德里卡洛斯三世大学和委内瑞拉加拉加斯西蒙玻利瓦尔大学的老师设计并实现了教学实验，将增强现实技术应用到高中物理电磁学的实验教学中，旨在通过实证研究评估在电磁学实验中应用增强现实技术对学生的学习效果及学习积极性的影响。

将参与的 12 年级的理科高中学生分成 AR 组和 Web 组。AR 组学生通过操作电路元件的三维模型来触发相应的模块，进而观察电路的动态效果，Web 组则通过登陆学习网站进行实验。实验持续 40 分钟后对学生进行测试，结果进行流畅量表分析。量表包含 36 个问题，对 9 个相关因素进行分析，能力与挑战之间的平衡（AC）、行为与认知之间的关系（AA）、清晰的目标（CG）、反馈（CF）、精力的集中（CT）、控制感（CC）、自控能力的缺失（LS）、时间意识的缺乏（DT）、目的性（CC）。AR 实验的学生还需完成开放式问答，描述他们在使用 AR 应用进行电磁学原理实验时的感受、收获以

① Mayer R E. Multimedia learning：Are we asking the right questions？［J］. Educational Psychologist，997，（1）：1 – 19.

② Paivio A. Mental representations：A dual coding approach［M］. New York：Oxford University Press，1990：177 – 179.

③ Paas F，Gog T V，Sweller J. Cognitive load theory：New conceptualizations，specifications，and integrated research perspectives［J］. Educational Psychology Review，2010，（2）：115 – 121.

④ Wittrock M C. Generative learning processes of the brain［J］. Educational Psychologist，1992，（4）：531 – 541.

⑤ María Blanca Ibáñez，Ángela Di Serio，Diego Villarán，Carlos Delgado Kloos（2014）. Experimenting with electromagnetism using augmented reality：Impact on flow student experience and educational effectiveness［J］. Computers & Education（71）：1 – 13.

及遇到的困难。

实验后，组织者通过流畅量表分析学习者流畅体验的 9 个要素发现，因为实验内容的操作性更强，AR 组学生对实验内容的理解更加深入。同时，AR 组的学生认为，增强现实应用使学习成为一个自然的真实的过程，在构建电路的同时查看各元件的物理属性有助于一步一步地建构并监控电路现象。从实验的完成情况看，使用 AR 辅助实验，学习者获得更强的自身愉悦，更加促进了实验任务的有效完成。同时，实验数据也表明，AR 应用并非所有因素都对学习有利，学习者注意力的分散、实验时间的分配、学习者的自控能力以及以往的经验，这些都是 AR 应用到学习中面临的挑战。

五、增强现实技术在艺术课程中的应用①

委内瑞拉和西班牙的研究者通过教学实验，将增强现实技术运用到中学艺术课堂中，进行量的分析和质的研究，分析 AR 技术对中学生艺术学习的积极性影响如何。具体运用 ARCS（注意 Attention、关联 Relevance、自信 Confidence、满意度 Satisfaction）动机模型进行 IMMS（Instructional Materials Motivation Survey，教材动机量表）调查，针对注意力、相关性、自信心和满意度四个因素进行分析。

教学实验是在西班牙马德里的一所初中针对一门视觉艺术必修课进行的，教学内容是文艺复兴时的意大利绘画模型。教师课前准备 8 幅艺术作品以及相关的作品介绍，目的是通过本堂课的学习，使学生了解画作的大意，并体会画作的基本思想。教学实验分为两个阶段：TS1 阶段，教师提供画作幻灯片，学生欣赏画作；TS2 阶段，教师引入 AR 技术，使用无标记增强现实工具 Popcode，将与画作相关的介绍性文本、音频、视频以及 3D 模型叠加到画作上，以增加学生对画作的体验感。学生在欣赏画作的同时了解更详细的画作信息，以多维的角度欣赏画作。

实验结果与传统教学方式相比，增强现实学习环境的动机平均值更高。专注力和满意度因素也较传统教学有明显的优势。质的研究过程中，学生们声称：AR 学习环境更吸引人，相对幻灯片教学，AR 教学使内容更易于理

① Angela Di Serio, Maria Blanca Ibanez, Carlos Delgado Kloos (2013). Impact of an augmented reality system on students' motivation for a visual art course [J]. Computer & Education, (68)：586 – 596.

解。将量的研究结果按各个要素分别分析，专注力和信心因素获得了最高的平均值，满意度和相关性因素的平均值也较高。

通过对这个移动学习案例的分析发现，在学习领域使用增强现实技术对于初中学生的学习动机有积极的影响。在两个实验过程的评价结束后，比较学生的态度时发现，学生更愿意分享他在 TS2 过程中的学习经历，这也是满意度的体现。另外，还发现学生能够很快地学会并掌握 AR 技术的使用，并且他们能够对此技术持有浓厚的兴趣。虽然这一技术在教育领域并不算成熟，但初中学生的学习热情足够战胜大多数的技术障碍。因此，我们可以认为，AR 对学习动机的积极影响能够帮助学生更轻松地达到学习的更高层次。同时，作为一项新型的技术，在学习活动中教学者仍需要去降低新技术对学生注意力的分散因素。

六、案例综合分析

分析案例的推行背景，为使研究更具有可观性和真实性，在选取案例时尽量将选取范围扩大，但从目前已有的文献看，将增强现实技术运用到移动学习的实际案例中，欧美发达国家占了多数，而其他发展中国家在这方面的研究仅仅处于起步阶段。由此可见，增强现实技术作为虚拟现实技术的一个分支，其发展是要经过一个持续的过程。另外，移动设备的普及程度也是影响移动学习的最重要因素。

从增强现实的应用学科看，案例中既有偏重实验的理工类课程，也有偏重欣赏的艺术鉴赏类课程，既有正规的学校教学活动，也有非正式的展览学习活动。由此可见，增强现实移动学习不受学科、学习环境的限制。在人文科学中，AR 使学习者不仅了解学科内容，更加体会到浓厚的学科氛围。在理工类课程中，AR 通过情境感知，促进学习者对实验环境及实验过程的真实体验。尤其对于偏重实验的理工类课程，实践性强，对学生的情境体验要求更高，使用增强现实技术能使学生身临其境地进行观察、实验。学习内容更充实，教学方法和策略更丰富。对于艺术鉴赏类课程，AR 的沉浸体验则更有助于维持学生对学习内容的专注力和兴趣水平。移动学习将学习的范围横向扩展到任何时间、任何地点，包括课堂教学活动、课外实验活动、课后自主学习以及一些非正式的学习活动，包括展览、讲座等。在移动学习的过程中，使用增强现实则使学习者对学习内容的理解纵向延伸，以达到更深层次的知识体验。

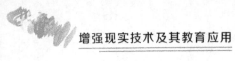

从学习理论的角度分析以上国外典型的增强现实教学案例，我们发现在移动学习过程中使用 AR 增强现实技术，是以情境学习理论、协作知识建构、多媒体学习认知理论（CTML）为支撑的。情境学习理论认为，学习不仅仅是一个个体性意义建构的心理过程，更是一个社会性的、实践性的、以差异资源为中介的参与过程。也就是说，将学习内容放置在特定的学习情境中，更加有利于学习者知识的建构。协作知识建构强调是学习成员与媒体、环境构造的共同体内，如何表达个人的观念并与其他成员进行社会交互的过程。多媒体学习认知理论则认为，按照人的心理工作方式设计的多媒体信息更能促进有意义的学习。增强现实技术将虚拟世界与真实情境结合起来，使学习者身临其境地感受学习氛围和环境，并享受学习过程，使知识的建构过程与周围的环境更加有意义地结合起来，并且实现学习成员之间以及与媒体之间的信息沟通。

从教学对象来看，五个 AR 教学案例中，教学对象基本涵盖了所有年龄段的人群，既有在校的小学生、中学生，也有任意选取的不分年龄、性别的展览参观者。由此可见，AR 移动学习方式适用于任何年龄阶段的人群，即使对于平时未曾接触过移动设备的人群，学会这种学习方式也不算困难。尤其是智能手机普及以后，任何年龄阶段的人群，不论文化程度如何，这种智能设备已不仅仅作为通信方式，而更加成为了移动学习的载体和工具。

从实现技术维度分析，增强现实移动应用在欧美发达国家已取得了长足的发展，在教育方面的应用也逐渐广泛起来。美国的 FreshAIR 是 MoGo 移动股份有限公司开发的移动增强现实 APP，人们可以通过 FreshAIR Augmented Reality Development Platform 自主设计 APP。Popcode 是一款无标记的增强现实手机 APP，只要图片有一定的纹理，用户不需要特别触发黑白标记便能够在图像上方增加额外添加的说明信息，这将更适合艺术图像的鉴赏。除此之外，人们也可以在 Android 或 Apple 平台上自主开发 AR 应用，以实现特定的增强现实教学要求。

分析五个教学案例的实验效果，我们发现，将增强现实技术运用到移动学习过程中，学习者使用带有 AR 功能的移动设备辅助学习，能通过更深的情境体验，对知识更加容易理解和运用。对教师而言，在教学过程中使用 AR 移动应用丰富了"以学生为中心"的教学策略。除此之外，我们还发现，移动 AR 对学习的促进作用与参观者的性别、受教育程度关系并不密切，却与年龄有很大的关系。移动 AR 对学习的促进也有其自身的局限和挑战，例如对于年龄低的孩子，如何降低新技术对学生注意力的分散等。

第二节　增强现实教育游戏案例分析

继承了增强现实和游戏的优点，增强现实教育游戏一方面可以极大的激发学习者的学习热情，另一方面通过增强现实虚实融合、沉浸性强的特性，为教学对象模拟、复杂教学过程体验、动态教学结果呈现，以及师生互动等方面提供了更为丰富直观的选择。主要表现在：通过增强现实虚实融合的特性，增强现实教育游戏可以为学习者提供直观的学习资源，使得学习者"看见"许多不易接触的学习场景，例如，深海、外太空、微观世界以及高温高湿等极端环境。借助增强现实技术，在学习者所处的真实环境中营造一种虚实结合的效果，学习者一方面可以在舒适、安全的状态下观察，另一方面又可以得到一种身临其境的直接体验，为知识的学习提供了直观的印象。

如同飞行员训练使用增强现实模拟器一样，增强现实教育游戏可以在真实的科学实验、操作实践等活动之前，提供事前预演。这样既可以保证学生的安全，又能够提高真实操作的成功率，进而节约资源。许多实践操作，特别是一些成本比较高，或者有一定危险性的操作，都可以在增强现实教育游戏营造的环境中事先进行演练。这样在真正的操作环节中，不但可以减轻学习者的恐惧心理，同时，也不会发生太大的错误，可以为真实操作降低失误率。

依据增强现实游戏在教育应用中的使用方式不同，将它们大致分为两类：可移动的户外增强现实教育游戏和室内增强现实教育游戏。

一、可移动的户外增强现实教育游戏①

1. 接触外星人

雷德福大学马特·邓利维（Matt Dunleavy）等与麻省理工学院、威斯康星大学的同事合作研制了"接触外星人"增强现实游戏，旨在培养初中及高

---

① 陈向东，蒋中望. 增强现实教育游戏的应用［J］. 远程教育杂志，2012，（05）：68－73.

中学生的数学技能、语言艺术、科学素养等①。这是一款叙事驱动的探究式游戏，采用戴尔 Axim X51 掌上电脑（内置 GPS）作为硬件基础。学生手持 Axim X51 在物理空间（诸如学校操场）走动。Axim X51 上的数字地图（与物理空间关联）标有虚拟物体及人物的具体位置。当学生接近虚拟物体或人物时（识别半径为 30 英尺），Axim X51 内置的增强现实软件将在现实场景的基础上叠加显示该虚拟物体（或人物）、视音频信息、文字信息，以提供叙事、导航、协作的线索及学业挑战。

学生们（每四人为一组）需要与虚拟人物进行对话，收集虚拟物体，解决数学、语言及科学难题，以确定外星人的动向。每个小组的四位成员，分别扮演化学家、密码学家、电脑黑客、FBI 特工等角色。并根据自身的角色，接触不同的、不完整的证据信息。为了解决各种难题，学生们必须与队友分享信息、进行合作。例如，当接触外星人飞船残骸（虚拟物体）时，小组的每位成员都可获得与残骸尺寸测量相关的信息（但各不相同，且不完整）。若成员之间不进行协作、分享信息，则该小组将不能解决问题并进入下一阶段。接触外星人游戏在设计之初即为定制预留有空间，教师可根据学生的学业水平，从不同科目（数学、英语/语言艺术、科学、社会学、历史等）或热点时事（能源危机、石油短缺、核威胁、文化差异）中灵活地选取不同的学习材料。

Matt Dunleavy 团队选取了杰斐逊高中（Jefferson High School）、卫斯理中学（Wesley Middle School）、爱因斯坦中学（Einstein Middle School）等三所学校的 6 名教师及 80 名学生分别进行了实验，从多个数据源（教师、学生）采集了各种类型的数据（观察、访谈、记档）。Matt Dunleavy 在对数据进行分析后认为，增强现实教育游戏具备独特的创造沉浸式混合学习环境的能力，可用以促进学习者诸如批判性思维、问题解决、交流沟通、协作等技能的发展。教师和学生们认为，游戏的主要激励和吸引因素包括：运用手持设备进行学习、在户外收集数据、分布式的知识、积极的相互依赖、角色扮演等。

2. 疯城之谜

疯城之谜是一款增强现实科学教育游戏，由威斯康星大学麦迪逊分校教

---

① R Mitchell, C Dede, & M Dunleavy. Affordances and Limitations of Immersive Participatory: Augmented Reality Simulations for Teaching and Learning [J]. Journal of Science Education and Technology, 2009. 18 (1): 7 – 22.

育学院库尔特·D. 斯夸尔（Kurt D. Squire）团队研发。游戏围绕虚构人物伊万（Ivan）的神秘死亡事件展开，参与者需要询问相关人员（虚拟人物）、收集各类数据、调阅政府档案，进而分析 Ivan 的死亡原因并形成调查报告①。

游戏中，参与者可选择扮演医生、环境专家、政府官员等角色。每种角色的能力不同，所接触到的信息亦不同，例如，只有医生可以获得虚拟人物的病历。游戏设计有支持协作的触发事件，例如，医生在查看由环境污染引起的疾病病历时，需要政府官员提供相应的环境污染物监测报告。疯城之谜的挑战在于与虚拟人物进行会话，并对会话加以分析。游戏参与者手持移动设备，根据地图指示接近虚拟人物所在位置。此时，移动设备内置的增强现实软件将在现实场景的基础上叠加显示该虚拟人物，并允许参与者与之进行交互。会话将提供 Ivan 的生活方式、朋友、家庭、工作、当地气候及污染物等线索。新的线索亦将不断出现，诸如 Ivan 同事的病历等，以验证或推翻先前的假设。

实验研究结果表明，该款游戏可促进学习者探究能力及科学论证能力的培养。

3. 重温独立战争②

麻省理工学院的研究员凯伦·施里尔（Karen Schrier）设计开发了“重温独立战争”增强现实教育游戏，游戏选在列克星敦——美国独立战争的发起地进行。

游戏中，参与者使用带有 GPS 功能的 PDA 进行导航，探访与列克星敦战役相关的列克星敦公共绿地（列克星敦战役进行地）及其他建筑物。当参与者到达预设的目标地点时，PDA 会叠加显示虚拟历史人物、虚拟文物及视音频材料等。例如，当参与者到达老钟楼（Old Belfry）时，PDA 将叠加显示 Old Belfry 铜钟的相关介绍（在英国士兵到达列克星敦时，Old Belfry 铜钟敲响了警报）；当参与者到达列克星敦公共绿地的东北角时，PDA 将叠加显示民兵弥敦·门罗（Nathan Munroe）及其对列克星敦战役的描述。

---

① K D Squire. Mad City Mystery：Developing Scienti？c Argumentation Skills with a Place－based Augmented Reality Game on Handheld Computers ［J］. Journal of Science Education and Technology, 2007. v16, n1. pp. 5－29.

② K L Schrier. Revolutionizing History Education：Using Augmented Reality Games to Teach Histories ［J］. ducation, 2005. v51；1－290.

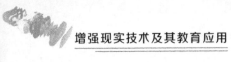

参与者四人为一组，分别扮演着 Prince Estabrook（非洲裔美国奴隶/民兵）、John Robbins（自由人/民兵）、Ann Hulton（保皇派、效忠英国王室/市民）、Philip Howe（英国人/正规军士兵）等游戏角色。参与者根据各自的游戏角色搜集证据。例如，英军少校 John Pitcairn（非游戏参与者角色，该角色存在于游戏中，但不能由游戏参与者扮演）所提供的证据，可能会被英军士兵采信，但可能不会被民兵采信。整个游戏持续 60 分钟，前 30 分钟模拟列克星敦战役之前，即第一枪打响之前；后 30 分钟模拟列克星敦战役之后。在游戏的第一阶段和第二阶段，非游戏参与者角色将提供不同的材料。参与者分别收集上述材料，并进行分析。游戏最后，同组的四名参与者根据各自收集的材料进行辩论，最终决定"谁打响了列克星敦战役的第一枪"的答案。

游戏除主要任务外，每组的参与者还应完成两个因"角色"而异的"秘密任务"。这些任务可引导参与者进行游戏，检查其游戏进度，帮助其了解更多与列克星敦战役有关的知识。

Karen Schrier 选取了三组学生分别进行游戏测试（两组大学生及研究生，一组高中生）。测试手段包括：游戏前后对历史概念的调查；录像及亲自观察参与者的游戏表现；参与者的讨论、游戏互动及笔记的内容分析。同时，参与者还提供了其对游戏的主观感受及所获知识的口头反馈。Karen Schrier 认为，该游戏使参与者能够像历史学家一样开展研究——选定一个历史问题，收集和比较证据，测试和辨证假说，得出结论。尽管参与者无法回到过去亲历历史，但他们可以从鲜活的游戏中接近历史。游戏测试表明：参与者能够认真地完成任务，他们获取相关信息、扮演角色、与同伴协作，完全沉浸在游戏中。在进行辩论、形成结论的过程中，他们能够开放地对待各种不同的意见，并对自身的观点加以反思、批判。

二、基于视觉的室内增强现实教育游戏

基于视觉的室内增强现实教育游戏是指在室内环境中（特殊情况也可在室外）进行的，运用标记标识扩增内容（包括文本、视音频、三维模型、数据等）并叠加显示在现实环境中，以改善用户体验的教育游戏。目前，基于视觉的增强现实教育游戏主要有：传统教育游戏的增强现实版本，诸如"认识濒危动物"游戏等；利用增强现实技术特质开发的学科教育游戏，诸如"理解库仑定律"游戏等；利用增强现实技术特质开发的特殊教育游戏，诸

如 Gen Virtual 等。

1. 认识濒危动物

瓦伦西亚理工大学自动化及计算机学院胡安（Juan）等人研制了一款趣味增强现实教育游戏——"认识濒危动物"[①]。该游戏使用三个立方体作为用户界面。其中，中间的立方体贴有两个标记（在相对的两面，分别贴有 A 与 B），右侧的立方体贴有四个标记（在连续的四面，分别贴有 1、2、3、4）。游戏的流程如下：①游戏系统语音提示某种濒危动物的名称，幼儿使用中间及右侧立方体逐一组合（共计八种）。幼儿佩戴头盔显示器，可实时观察与各组合相对应的濒危动物图片。若幼儿认为某一组合所对应的濒危动物图片与语音提示名称相符，可将左侧立方体"★"一面朝上放置，以示确认。②若幼儿组合正确，游戏系统将询问幼儿是否要了解关于该动物的更多信息。若幼儿确认需要，游戏系统将叠加显示介绍该动物习性及其濒临灭绝原因的视频。幼儿可随时翻动左侧立方体以结束视频播放。③若幼儿组合错误，游戏系统将叠加显示与错误组合相对应的濒危动物名称。④游戏系统询问幼儿是否继续游戏。若幼儿确认继续游戏，游戏系统将重复上述过程。⑤游戏结束后，系统将显示幼儿的得分。

Juan 团队在对瓦伦西亚理工大学暑期学校的 46 名儿童进行对照实验（"认识濒危动物"增强现实版和该游戏的常规版本）后认为，增强现实教育游戏更受儿童喜爱、其教学效果更佳。

2. "理解库仑定律"游戏

智利天主教大学计算机系 A. 埃切维里亚（A. Echeverria）、C. 加西亚·坎普（C. Garcia Campo）等设计开发了一款教室增强现实游戏实例，用以教授静电学的基本概念（主要内容：库仑定律）[②]。该游戏的学习目标包括：理解正电荷、负电荷、不带电粒子的概念；理解电场力与电荷之间距离的关系；理解电场力与电荷所带电量的关系。游戏中，学习者使用虚拟电荷，通

① M Juan. Tangible Cubes Used as the User Interface in an Augmented Reality Game for Edutainment［A］. 10th IEEE International Conference on Advanced Learning Technologies ［C］, 2010. pp. 599－603.

② A Echeverría, C García－Campo. Classroom Augmented Reality Games：A Model for the Creation of Immersive Collaborative Games in the Classroom［EB/OL］.［2012－05－22］［2019－04－01］. http://dcc. puc. cl/system/files/MN43－Classroom＋augmented＋games. pdf.

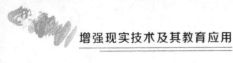

过电场力作用，移动带电粒子，避开障碍物，最终通过门户。虚拟电荷由掌上电脑标识，随掌上电脑的移动而调节其与带电粒子之间的距离及相对位置。虚拟电荷的激活/停用、极性及强度，则通过游戏面板加以控制。

游戏过程分为两个阶段。在第一阶段，学习者需要完成一系列任务。由教师先行介绍相关概念、进行示范操作，之后再由学习者动手实践。待所有学习者均完成该项任务后，由教师引导学习者继续完成下一项任务。在第二阶段，系统将随机选取三名学习者组成游戏小组，通过小组成员间的协作完成复杂操作。

A. Echeverria 团队在圣地亚哥的一所公立学校中进行了针对该款增强现实游戏的对照实验（与常规教学比较）。实验结果表明，增强现实教育游戏可使学习者更为投入，也更有信心。

3. Gen Virtual

Gen Virtual 是一款增强现实音乐教育游戏，由圣保罗大学集成系统实验室安娜·科雷亚（Ana Correia）领衔的团队研发，旨在帮助学习障碍者掌握音乐演奏技能并改善诸如创造力、注意力、记忆力（存储与检索）、听觉与视觉感知、动作协调等能力（即音乐治疗）①。

Gen Virtual 使用 12 个标记代表 12 个音符（演奏流行音乐或治疗专用音乐，需要 12 个音符），每个标记将被叠加显示特定颜色的立方体。

游戏中，参与者通过用手遮挡标记实现与 Gen Virtual 的交互。当某标记被遮挡时，游戏系统将记录该标记所代表的音符。待参与者与 Gen Virtual 的交互结束后，游戏系统将逐个播放其所记录的一串音符，以形成一段曲调。

Gen Virtual 的一大优势在于，遮挡标记的交互方式可避免其他复杂辅助设备的使用。例如，部分脑萎缩或脑中风患者，由于其手指不具备操作键盘或琴键的能力，原本需要佩戴复杂的辅助设备方能演奏音乐。

三、案例综合分析

众所周知，游戏对青少年、儿童具有强大的吸引力，而学校学习对他们来说，吸引力有限。因此思考如何将游戏的吸引力迁移到学习上，利用游戏的力量吸引学习者，进而实现教学目标，成为研究的热点。基于增强现实的

---

① Ana Grasielle Dionisio Correa. GenVirtual: An Augmented Reality Musical Game for Cognitive and Motor Rehabilitation [J]. Virtual Rehabilitation, 2007, (2): 1–6.

教育游戏也是如此。

斯夸尔（Squire）等在积累多年研发经验的基础上，针对基于场所的增强现实教育游戏，提出了以下"（基于场所的）增强现实教育游戏的设计原则"：①

1. 确定竞争空间

在设计基于场所的增强现实教育游戏之初，确定竞争空间尤为重要。空间可以是真实的（重温独立战争游戏的列克星敦公共绿地），也可以是想象的（在校园环境中模拟外星人的登陆场景）。由于参与者常将现实生活经验带入到游戏活动中，设计者在开发时需要特别留心注意。

2. 交互式故事叙述

大多数基于场所的增强现实教育游戏的进程即是故事建构。例如，重温独立战争游戏，通过参与各类活动、比较及核对各种形式的证据，从而获得该历史事件的整体图景。这类游戏的一大特点是开放式，支持多人口进入叙事，支持多种合理的响应，并提供充分的讨论机会。

3. 游戏角色开发

开发游戏角色是设计者面临的一大难题。游戏设计者与游戏玩家的角色易位是解决该难题的有效方法。吸收游戏玩家参与游戏设计，对游戏角色开发而言大有裨益。

4. 使用"迁移物"触发学习及记忆

游戏不仅仅是简单的故事叙述。选择有趣并有意义的"迁移物"，用以触发学习者的学习及记忆，是教育游戏开发的关键。

5. 提供探究空间

游戏应提供探究空间，在不影响游戏结果的情况下，参与者可以在其中尝试新想法、扮演新角色。

---

① K D Squire. Wherever You Go, There You Are: Place – Based Augmented Reality Games for Learning ［J］. The Design and Use of Simulation Computer Games in Education, 2007. pp. 265 – 290.

第三节　启示与建议

一、制订阶段性的发展计划

分析上述案例推行的国家和背景，增强现实和移动学习都是需要以技术发展为前提的。从目前来看，增强现实技术还是一门较新的技术，发达国家对于增强现实移动学习也还停留在实验阶段，大规模推广的条件还未成熟。我国近年来经济技术发展成就有目共睹，但仍然存在不小的地区差异。经济发达地区的移动设备普及率很高，但一些贫困山区信息技术发展相对落后。因此，我国应立足本国实际，制订阶段性的发展计划，以进一步普及移动设备为起点，结合地区差异构建移动学习模型，在经济发达的省、市率先试点国外比较成熟的 AR 学习应用，并结合我国实际自主开发学习 APP，进而普及。

二、进一步普及移动学习方式

移动学习已将学习的方式进一步泛化，学习可以发生在任何时间任何地点，但这种学习方式在国内的普及程度并不高。移动设备在大多数情况下仍仅被用作通信设备和娱乐工具，它作为学习载体的特性还未引起人们的重视。因此，进一步普及移动学习方式将是我国终身学习建设工程中的一个重要历程。同时，学校教育中，如何改革已有的教学模式，不再拘泥于以往的课堂加书本加幻灯片的教学方式，而是更好地利用移动设备，使学习共同体内部更好地融合，进而进行有意义的知识建构。同时，普及移动学习方式，使更多的学习者使用自己的移动设备进行非正式的社会化学习。

三、重视增强现实的技术实现

国外的教学案例中，部分使用其他公司已开发的增强现实 APP，也有的实验案例是团队成员根据实验的具体要求开发的 AR 学习应用。移动增强现实就目前的技术水平来说，首先需要解决准确定位的问题。目前对于手机用户常用的定位方式有 GPS 定位、网络定位、基站定位。其次是对标记的精确识别，终端需要准确捕捉到现实中的物体，并适应环境的变化。这就需要采用图像识别技术提取事物的轮廓、纹理特征进行分析比对，计算用户跟目标点的相对位置以达到准确识别的效果。同时，真实、高效的渲染也很重要。移动增强现实系统能够把生成的文字、图片等虚拟信息叠加到真实的场景中，结合具体的设备采用不同的算法。总体来说增强现实技术在中国处于起步阶段，但发展很快，现在已经有一些虚拟现实领域的企业开始专注于这方面技术的研发与应用，比如德科曼的产品就集成了增强现实的所有功能。此外，由于 Android 应用程序开发属于开源的，如果具备一定的 Android 应用程序开发经验，便可胜任移动学习应用相关的操作。因此，在 Android 环境下进行增强现实教育应用开发将是非常有前景的。

四、构建适合我国国情的增强现实学习模式

我国经济技术水平地区差异大，因此，构建移动学习模式不能泛泛而论。技术水平高、教育发达的地区可以在学校教育中，适当使用移动设备进行辅助教学及实现，并运用 AR 技术使学生身临其境地感受学习内容，加深理解，调动学习兴趣。同时，教师可引导学生在课外使用移动终端，通过移动网络搜罗与教学内容相关的信息或自己感兴趣的课外知识。在教育欠发达地区则仍以普及移动设备为主要任务。

移动学习方式不仅作为学校教育的创新模式，也成为网络在线教育的社会化补充。如何使用移动设备进行更加有效地教学是学校教育中教师在教学设计过程中需要思考的范畴。运用 AR 移动应用使学生在学习过程中更加身临其境地感受环境及学习内容，以完成更加有意义的知识建构过程。而通过移动通信网络及移动终端进行网络在线学习的方式，学习内容提供者则需要考虑如何协调教学内容与学习者以及移动终端之间的关系，以构造更加合理、高效的学习共同体。移动学习时代的教学设计应扩展到更加广泛的教师、教学对象，以及教学物理空间设计。

总而言之，分析以上案例，国外的 AR 移动教学案例已将理论转化为实际的教学实验，并从教学过程中进行了效果分析，而国内虽也有较丰富的移动学习理论研究背景，实际的移动学习系统也有出现，但实际上，适合我国发展的移动学习发展模型还未构建。因此，我们需要从国外案例着手，分析目前的实际，开发出适合我国发展的移动学习发展模型，并试图发挥 AR 的优势，将 AR 技术应用到移动学习中，进而得到基于增强现实技术的移动学习发展范式。

第四章　基于智能手机的增强现实技术方案及其教育应用

　　从理论上看，AR 能够实现多种感官的知觉，例如触觉、嗅觉、味觉等，但是由于目前的技术限制，多用于增强视觉感知。AR 具有"把真实场景信息与虚拟信息相结合；可以实时地进行人机交互；用于三维环境中"的特点。自从 20 世纪 60 年代初 AR 技术诞生以来，首先应用于军事领域，最早的应用案例是战斗机飞行员的头盔显示器。近十年，随着技术的快速发展，AR 技术迅速走向大众化。2009 年荷兰的 SPRX mobile 公司发布了名为 Layar 的首款支持增强现实浏览器，2012 年谷歌眼镜的发布直接将 AR 概念推向普通大众。CES（International Consumer Electronics Show）2016 国际消费类电子产品展览会中，AR 技术大放异彩，Facebook 旗下 Oculus Rift、索尼的 PlayStation 头盔、HTC 的 Vive 相继发布了新产品与内容应用。

　　AR 技术在教育领域也得到了一定程度的应用。陈向东等人运用 Eclipse 开发平台，基于 Metaio 增强现实工具包开发了运行在 Android 平台上的寻宝类教育游戏；李勇帆等人使用 Visual Studio 2010，基于 AR Toolkit 工具包开发了名为 ARMSEBC 的交互式儿童多媒体科普电子书；魏小东等人使用微软 XNA 开发工具，也是基于 AR Toolkit 工具包开发了名为"悦趣多"、可实现 AR 教学的高中通用技术创新教育平台。然而由于 AR 技术的快速更新换代，不断出现性能更好、成本更低、跨平台兼容性更优的技术解决方案。因此有必要及时跟进技术进步的脚步，并应用到教育领域中去。

第一节　AR 技术实现的软硬件分析

　　AR 是作用于三维环境的、可实现虚实融合的实时人机交互体验，因此它的实现方式必然包括相应的硬件与软件平台。

一、AR 技术实现的硬件分析

格雷戈瑞·基珀（Gregory Kipper）和约瑟夫·兰波拉（Joseph Rampolla）认为实现 AR 的技术要素包括计算机（如 PC 机或移动设备）、显示设备、摄像机、跟踪与传感系统、计算机网络、标识物（真实物体，用以确定数字信息的呈现位置）。

1. 增强现实显示设备

根据达到的精确度与沉浸程度不同，增强现实显示设备可以是 PC 机或移动设备的显示屏幕、增强现实眼镜和透视式显示头盔，甚至是增强现实挡风玻璃。

数码设备的显示屏幕、增强现实眼镜在前文已有介绍，此处就不再赘述了，这里主要介绍透视式显示头盔和增强现实挡风玻璃。

增强现实应用中有两种最重要的头盔显示器：光学透视式头盔显示器和视频透视式头盔显示器。使用光学透视式头盔显示器，用户不但可以直接看到周围的真实环境，还可看到计算机产生的增强图像或信息。使用视频式头盔显示器的增强现实系统可以通过直接分析摄像头实时拍摄的图像分析真实场景，叠加的虚拟信息也是直接在视频图像上叠加，使得整个标定过程只要求对摄像头进行标定就可以，整个过程较为简单。而戴上光学式头盔显示器，由于来自真实场景的图像直接成像于用户视网膜之上，因此光学头盔显示器的标定不仅需要对头盔上摄像头进行标定，还需要对佩戴者双目进行标定，使得光学式头盔显示器的标定变得更为复杂。[①] 显示器标定指的是显示在头盔显示器中的虚拟图像和真实世界的对准，主要是测量出虚拟物体显示在头盔显示器上的投影变换，从而使虚拟物体能显示在头盔显示器的正确位置上，保证在真实空间的正确注册。

增强现实挡风玻璃已有成熟的商品出现。在 NVIDIA 的 GTC 2016（GPU Technology Conference）开发者大会上，德国马牌展示了其正在开发的 AR 增强现实技术在汽车领域的新应用，在汽车前挡风玻璃上通过增强现实技术提供 HUD 显示人机交互界面，将数据信息与现实行车场景结合。HUD 是 Heads Up Display 的简称，可翻译为抬头数字显示仪，又叫平视显示系统。

---

① 李海龙，刘玉庆，朱秀庆. 光学透视头盔显示器标定技术［J］. 计算机系统应用，2013（07）：152－155.

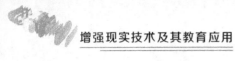
该系统可以把重要的信息映射在玻璃上，使驾驶员不必低头就能看清重要的信息，最早出现在军用战斗机。目前，一些高端豪华汽车上已经出现（图4－1）。①

图4－1　德国马牌展示的增强现实挡风玻璃显示界面

随着相应技术应用的成本不断降低，平视显示系统最终能够进入入门级低端车型，最终普及开来。目前的 HUD 显示技术仅仅是在挡风玻璃底部的固定位置显示相应的功能，比如车速，导航转向指示等基础功能，界面大部分是平面单调的。而增强现实在车载平视信息显示的应用，能够大幅度提升人车交互体验。计算机根据真实世界场景，实时动态地投射消息至前挡风玻璃上，让一切看上去就和自然环境融合为一体。马牌的 AR－HUD 技术已经能够借助下一代玻璃投影技术实现 60FPS 帧率的动态信息显示，以及高精度GPS 信息投影显示。借助于高精度 GPS 信息，该技术能够精确地在现实场景中动态地投影行车路线。

2. 增强现实的跟踪与传感设备②

跟踪与传感设备可以是机电跟踪器、电磁跟踪器、超声跟踪器、光电跟踪器、惯性跟踪器，以及集成 GPS、电子罗盘、陀螺仪和支持重力、光线、

① 腾讯汽车. 德国马牌挡风玻璃增强现实技术 提升人车交互体验. ［DB/OL］.（2018－07－26）. http://auto.qq.com/a/20160407/047653.htm.

② 王涌天，陈靖，程德文. 增强现实技术导论［M］. 北京：科学出版社，2015：9－14.

距离感应的普通千元级别智能手机。

机电跟踪器是一种绝对位置传感器。通常由体积较小的机械臂构成，将一端固定在一个参考机座上，另一端固定在待测对象上。采用电位计或光学编码器作为关节传感器测量关节处的旋转角，再根据所测得的相对旋转角以及连接两个传感器之间的臂长进行动力学计算，获得六自由度方位输出。这种跟踪器性能较可靠，潜在干扰源较少，延迟时间短。但其缺点是，跟踪器测量精度受环境温度变化影响，关节传感器的分辨率低，跟踪器的工作范围受限。在一些特定的应用场合（如外科手术训练），用户的活动范围不是重要指标时这种跟踪器才具有优势。

电磁跟踪器是应用较为广泛的一类方位跟踪器，它利用一个三轴线圈发射低频磁场，用固定在被测对象上的三轴磁接收器作为传感器感应磁场的变化信息，利用发射磁场和感应信号之间的耦合关系确定被跟踪物体的空间方位。根据三轴励磁源的形式不同，电磁跟踪器分为交流电磁跟踪器和直流电磁跟踪器。

交流电磁跟踪器的励磁源由三个磁场方向相互垂直的、交流电流产生的双极磁源构成，磁接收器由三套分别测试三个励磁源的线圈构成。磁接收器感应励磁源的磁场信息，根据从励磁源到磁接收器的电磁能量传递关系计算磁接收器相对于励磁源的空间方位。受计算性能、反应时间和噪声等因素的影响，励磁源的工作频率通常为 $30 \sim 120\mathrm{Hz}$。为了保证不同环境条件下的信噪比，通常使用 $7 \sim 14\mathrm{kHz}$ 的载波对激励波进行调制。直流电磁跟踪器的发射器（相当于励磁源）由绕立方体芯子正交缠绕的三组线圈组成，依次向发射器线圈输入直流电流，使每一组发射器线圈分别产生一个脉冲调制的直流电磁场。接收器也是由绕立方体芯子正交缠绕的三组独立线圈构成的，直流磁场方向的周期性变化在三向接收器线圈中产生交变电流，电流强度与本地直流磁场的可分辨分量成正比。可在每个测量周期获得九个数据，它们表示三组接收器线圈所感应发射磁场的大小，由电子单元执行一定的算法即可确定接收器相对于发射器的位置和方向。交流电磁跟踪系统的接收器通常体积小，适合安装在头盔显示器上，但这种跟踪器最致命的缺点是易受环境电磁干扰。发射器产生的交流磁场对附近的电子导体特别是铁磁性物质非常敏感，交流旋转磁场在铁磁性物质中产生涡流，从而产生二级交流磁场，使得由交流励磁源产生的磁场模式发生畸变，这种畸变会引起严重的测量误差。直流电磁跟踪器最大的优点是只在测量周期开始时产生涡流，一旦磁场达到稳态状态，就不再产生涡流。只要在测量前等待涡流衰减就可以避免涡流效

应，从而可以减小畸变涡流场产生的测量误差。

超声波跟踪器利用不同声源的声音到达某一特定地点的时间差、相位差或者声压差可以进行定位与跟踪，一般有脉冲波飞行时间（time－of－flight，TOF）测量法和连续波相位相干测量法两种方式。TOF 测量法是在特定的温度条件下，通过测量声波从发射器到接收器之间的传播时间来确定传播距离的一种方法，大多数超声波跟踪器都采用这种测量方法。此方法的数据刷新率受到几个因素的限制，声波的传输速度约为 340m/s，只有当发射波的波阵面到达传感器时才可以得到有效的测量数据，而且必须允许发射器在产生脉动后发出几毫秒的声脉冲，并在新的测量开始前等待发射脉冲消失。因为每个发射器－传感器组都需要单独的脉冲飞行序列，测量所需的时间等于单组飞行时间乘以组合数目。这种飞行时间测量系统的精度取决于检测发射声波到达接收器准确时刻的能力，环境中诸如钥匙叮当响的声音都会影响测量精度，空气流动和传感器闭锁也会导致测量误差产生。

连续波相位相干测量法通过比较参考信号和接收到的发射信号之间的相位来确定发射源和接收器之间的距离。此方法测量精度较高，数据刷新频率高，可通过多次滤波克服环境干扰的影响，而不影响系统的精度、时间响应特性等。

与电磁跟踪器相比，超声波跟踪器最大的优点是不会受到外部磁场和铁磁性物质的影响，测量范围较大。基于声波飞行时间法的跟踪器易受伪声音脉冲的干扰，在小工作范围内具有较好的精度和时间响应特性。但是随着作用距离的增大，这类跟踪器的数据刷新频率和精度降低。而基于连续波相干测量法的跟踪器具有较高的数据刷新频率，因而有利于改善系统的精度、响应性、测量范围和鲁棒性，且不易受伪脉冲的干扰。不过上述两种跟踪器都会因为空气流动或者传感器闭锁产生误差。但如果采用适当的调制措施，就可以改善连续波相位测量法的环境特性，有望实现高精度、高数据刷新率和低延迟的声学跟踪器。

1966 年，美国 MIT 林肯实验室的罗伯茨（Roberts）研制了一种超声式位移跟踪器 Lincoln Wand，该跟踪器基于声波飞行时间测量法，使用四个发射器和一个接收器，跟踪精度和分辨率只达到 5mm。Logitech 开发了另一种基于 TOF 的超声波跟踪系统，又称为 Red Baron，其跟踪精度和分辨率也只达到几毫米。

光电跟踪器（又称为视觉跟踪器）是利用环境光或者控制光源发出的光，在图像投影平面上的不同时刻或者不同位置的投影，计算出被跟踪对象的方位。在有控制光源的情况下，通常使用红外光，以避免跟踪器对用户的干扰。

从结构方式的角度看，光电跟踪器分为"外－内"（outside－in，OI）和（内－外）（inside－out，IO）两种结构方式。对于"外－内"方式而言，传感器固定，发射器安装在被跟踪对象上，这意味着传感器"向内注视"远处运动的目标，这种系统需要极其昂贵的高分辨率传感器。对于"内－外"方式而言，发射器固定，传感器安装在运动对象上，这意味着传感器从运动目标"向外注视"。在工作范围内使用多个发射器可以提高精度，扩展工作范围。

"内－外"式光电跟踪器的时间响应特性良好，具有数据刷新频率高，适用范围广，相位滞后小等潜在优势，更适合于实时应用。但光学系统存在虚假光线、表面模糊或者光线遮挡等潜在误差因素，为了获得足够的工作范围而使用短焦镜头，系统测量精度降低。多发射器结构是一种解决方案，却以复杂性和成本为代价。因此，光电跟踪器必须在精度、测量范围和价格等因素之间作出折中选择，而且必须保证光路不被遮挡。

惯性跟踪器利用陀螺的方向跟踪能力，测量三个转动自由度的角度变化；利用加速度计测量三个平动自由度的位移。以前这种方位跟踪方法常被用于飞机和导弹等飞行器的导航设备中，比较笨重。随着陀螺和加速度计的微型化，该跟踪方法在民用市场也越来越受到青睐。不需要发射源是惯性式跟踪器最大的优点，然而传统的陀螺技术难以满足测量精度的要求，测量误差易随时间产生角漂移，受温度影响的漂移也比较明显需要有温度补偿措施。新型压电式固态陀螺在上述性能方面有大幅度改善。

从以上几点来看，实现 AR 的硬件平台可以是带有网络与摄像功能的 PC 机、智能手机与平板电脑、增强现实眼镜与头盔显示器。其中，智能手机是首选，它在普及程度、可移动性、易用性等方面具有明显优势。

二、AR 技术实现的软件分析

AR 的实现软件包括开发环境与增强现实 SDK（Software Development Kit 软件开发工具包）。其中，开发环境包括通用的开发环境，例如陈向东等人使用的开源 Eclipse 平台、李勇帆等人使用的 Visual Studio 2010，以及更加适合 AR 应用开发的专业平台，例如魏小东等人使用的微软 XNA，以及后面将要提到 Unity 3D。

1. 增强现实开发环境

XNA 是微软针对业余创作者、没有专门开发器材所设计的、提供跨 Xbox 与 PC 机平台的开发套件①。其中，N 表示"下一代（Next–generation）"，A 表示"架构（Architecture）"。XNA 是基于 DirectX 的游戏开发环境，是微软对于 Managed DirectX 的修正及扩充版本。XNA Game Studio Express 是专业跨平台整合型游戏开发套件「XNA Studio」的简化版，以 Visual C# Express 2005 为基础，并针对业余创作者加以改良，提供简易的开发环境与详细的教学文件。XNA Game Studio Express 中将包含以 .NET Framework 2.0 为基础并加入游戏应用所需之函式库所构成的 XNA Framework；由一系列工具所构成、让开发者能以更简易的方式将 3D 内容整合到游戏中的 XNA Framework Content Pipeline；以及教导使用者如何进行游戏开发的入门说明教学文件与范例。所有 Windows 使用者都可以免费下载使用 Windows 版 XNA Game Studio Express，所开发出来的游戏将可以自由在 Windows 平台上进行商业性贩售。最新的 XNA 版本为 4.0，也支持 .NET Framework 4.0，平台为 Visual Studio 2012，能实现跨 Windows 与 Xbox 360 以及 Windows Phone 平台游戏开发的需求。相对于微软公司以前的手机操作系统来说，在游戏开发技术上，Windows Phone 采用 XNA 技术是一个很大的突破点。归纳起来 XNA 游戏开发有以下特点：①加快游戏开发的速度。以前使用 DirectX 来开发 Windows 平台游戏，游戏开发公司大概花费 80% 的时间在程序开发上，而在游戏的创意上仅占 20%。而使用 XNA .NET Framework 进行游戏开发，大大减少了开发者的工作量，不仅降低了开发的成本，而且在游戏开发上可以更加关注游戏的创意。②开发的游戏可以在 Windows 与 Xbox 360 之间跨平台运行，同时它更加易用，有更高的扩展性。XNA Framework 把所有用作游戏编程的底层技术封装起来，由此，游戏开发员就可以把精力大部分专注于游戏内容和构思开发，而不用关心游戏移植至不同平台上的问题，只要游戏开发于 XNA 的平台上，支持 XNA 的所有硬件都能运行。③支持 2D 与 3D 游戏开发。XNA Framework 同时支持 2D 和 3D 的游戏开发，也支持 Xbox360 的控制器和震动效果。

---

① 百度百科. XNA［DB/OL］.（2019 – 01 – 27）. http://baike. baidu. com/link? url = wlpdf_ fV9sIYj2F1uCekyLfXjDuskveHIBt65Q3SUdngl6BbkM – QMf7pkYsMXoD3De – wRB_ o2GKSZEtiwKy69K.

遗憾的是早在 2013 年 2 月，微软就已经停止 XNA 平台的更新①。同时，由于 Xbox 昂贵的价格和中国微乎其微的保有量，使用 XNA 开发基于 Xbox 的 AR 应用，注定没有未来。

Unity 3D 2004 年诞生于丹麦，2005 年公司将总部设在美国的旧金山，是全球领先的开发平台，截至 2015 年拥有 450 万注册开发人员，主要"用于创建游戏和交互式 3D 和 2D 体验，如培训模拟、医学和结构可视化"②。Unity 3D 是由 Unity Technologies 开发的一个让玩家轻松创建诸如三维视频游戏、建筑可视化、实时三维动画等类型互动内容的多平台的综合型游戏开发工具，是一个全面整合的专业游戏引擎。Unity 编辑器运行在 Windows 和 Mac OS 下。Unity 3D 制作的应用兼容性好，能够开发跨越移动、台式机、Web、游戏主机和其他平台的各种应用。也可以利用 Unity web player 插件发布网页游戏，支持 Mac 和 Windows 的网页浏览。它的网页播放器也被 Mac 所支持。Unity 对教育行业用户采取了开放的态度，其最新 Unity 5 Personal Edition 对学生和教师免费开放，并且提供大量教程视频、示例项目和社区资源用来支持学习。因此，Unity 3D 是当前 AR 应用开发的首选。

2. **增强现实** SDK

增强现实 SDK 也有很多，例如 Total – Immersion 公司推出的 AR 解决方案 DFusion③，瑞士联邦理工学院 CVLAB 实验室开发的基于图像特征识别跟踪 AR 软件 BazAR④ 等，然而，就应用与影响程度而言，增强现实 SDK 主要包括 AR Toolkit、Metaio、Vuforia。

从技术上来讲，增强现实 SDK 主要提供的是 AR 需要的跟踪注册。目前大多数增强现实系统是通过计算机视觉方式实现，增强现实视觉实现包括基于标识的注册跟踪和无标识（2D 图片和真实物体识别）的注册跟踪。

基于标识的跟踪注册技术是当前增强现实系统中最成熟和最接近实际应用的注册技术。该技术将一些已知空间相对位置的人工标识放置在需要注册的真实场景中，利用摄像机跟踪识别标识点，在已知标识点三维空间位置的

① 天极网软件频道. 微软停 XNA 工具包更新 重心转向 DirectX 开发[DB/OL]. (2019 – 01 – 27). http://homepage. yesky. com/277/34452277. shtml.

② Unity. Company facts[DB/OL]. < http://unity3d. com/public – relations >.

③ Total Immersion. D'fusion studio suite[DB/OL]. (2016 – 02 – 18). http://www. t – immersion. com/products/dfusion – suite/.

④ BazAR. A vision based fast detection library[DB/OL]. (2019 – 01 – 27). http://cv-lab. epfl. ch/software/bazar.

基础上，采用计算机视觉的方法计算摄像机相对于真实场景的六自由度姿态。此外，为了提高标识点的跟踪精度和扩大其适用范围，可以在场景中放置多个标识点，并对每个标识点进行唯一编码。编码图形的设计和识别技术是实现基于标识点跟踪定位的一个重要环节。大体来说，基于标识点的注册技术由两部分构成：首先在摄像机采集到的图像中识别和跟踪人工标识图形上的特征点；其次根据跟踪到的特征点的图像坐标信息，在摄像机透视投影模型基础上，计算摄像机与真实场景间的六自由度姿态。由此可见，跟踪识别标识点是基于标识点注册技术中关键的部分。基于标识点的跟踪注册技术与增强现实系统现有的其他注册技术具有以下几方面技术优势：①系统所需的计算量小，执行速度快，跟踪定位精度高。②应用方便，对系统的整体配置要求不高，只需利用打印机打印简单的标识点图形，即可实现系统的姿态定位。③对于人为参与的要求不高，系统甚至不需要用户参与即可自动实现姿态计算。经过多年的研究开发，国内外的研究机构和知名企业设计开发出不同类型的标识码，其中影响最为广泛的标识性成果为华盛顿大学的人机交互实验室开发的 AR Toolkit 开发软件包，利用该软件包使用者可轻松构建基于标识的增强现实系统。①

　　AR Toolkit 最初由日本大阪大学 Dr. Hirokazu Kato 开发，而后受美国华盛顿大学和新西兰坎特伯雷（Canterbury）大学的人机交互技术实验室支持的开源 SDK②。它用于实现基于标的增强现实跟踪注册软件包，该软件包采用的方形标识点是当前增强现实系统中最常被采用的标识点样式。AR Toolkit 采用如图 4 - 2 所示的标识点形式。它的标识点可通过打印机直接打印获得，因此它的制作成本低廉，并且可以应用于各种真实环境中的物体。它使用可见的标记和视频摄像机来确定真实环境中的物体及其位置和方向（图 4 - 2）。

　　① 王涌天，陈靖，程德文. 增强现实技术导论［M］. 北京：科学出版社，2015，3，108.

　　② AR Toolkit. Introduction［DB/OL］.（2016 - 02 - 18）. http://www. hitl. washington. edu/artoolkit/.

图 4 - 2　AR Toolkit 的标识点①

　　AR Toolkit 标识点由三部分组成：①内部的标识。内部的标识为不同的标识点提供了可以相互区别的编码特征。不同的内部标识在外观上必须有足够的差异，以满足计算机对图形分辨能力为要求。过于相似的内部标识会导致标识点识别时产生错误匹配。因此，应尽量避免同时使用这些容易产生识别混有的字符标识。②外部的黑色方框。外部的黑色方框用于对标识点和环境进行区分。在识别过程中，识别算法首先在图像上搜索所有的黑色方框并确认为标识点，之后根据方框内的字符标识识别标识点的编码。③最外层的白色区域。为了能够稳定地识别黑框，在黑框外侧应该有足够面积的白色区域，这个区域的外边界形状对识别没有影响（图 4 - 3）。

　　许多早期的 AR 应用都是使用 AR Toolkit SDK 进行开发，它具有跟踪识别算法稳定性比较好的优点。但是随着技术的进步，它的缺点越来越明显，例如黑白框的标识不美观、不能被遮挡、容易受到光照影响，技术较为落后、对 2D 图片和 3D Object 支持不好。目前，基本没有使用 AR Toolkit SDK 开发的商业 AR 应用。

　　随着 AR 应用领域的发展，人们希望摆脱室内环境的控制，希望 AR 能够在室外复杂环境中使用。响应这个需求，出现了无标识跟踪定位技术

　　①　桑果．AR ToolKit 之 Example 篇［DB/OL］．（2016 - 02 - 18）．https：//www．cnblogs．com/polobymulberry/p/5905680．html．

图 4 - 3 仅能识别黑白框标识码的 AR Toolkit

（其中黑白框是实物，卡通人物为虚拟对象）

（Markeless Tracking），该技术的研究对于 AR 系统真正用于实际工作具有举足轻重的意义。国内外该领域的知名研究机构也多以无标识的 AR 跟踪定位作为增强现实核心技术研究的主要内容，并提出了各种跟踪定位算法，以满足实际应用的要求。目前，主要的无标识跟踪定位方法包括基于关键帧匹配的跟踪定位、基于模型的跟踪定位、基于虚拟伺服控制理论的跟踪定位、基于主动重建的跟踪定位以及混合跟踪定位方法等。基于关键帧匹配的跟踪定位算法是利用二维图像的匹配和分析实现增强现实的跟踪定位算法。此类算法的核心是选择与当前帧视点最接近的关键帧，利用当前帧与关键帧图像间的特征匹配计算出两帧间的姿态变化差异，构建两幅图像间特征的 2D/2D 匹配是算法的核心。基于模型的跟踪定位算法一直以来被广泛应用于 AR 跟踪系统中。该方法要求对目标物体或场景事先建模，根据每帧中得到的目标特征 2D 投影图像与其在空间中的 3D 坐标间的对应，求解目标或摄像机的姿态。目前基于模型跟踪定位的方法主要包括基于边缘的方法和基于兴趣点的方法等。总体上，基于模型的跟踪定位技术能够较好地实现复杂环境下的目标跟踪定位，但是也存在建模工作量大而烦琐、目标优化容易陷入局部最小的问题。①

现在相当成熟的支持 2D 图片和 3D Object 识别跟踪技术，其代表是 Metaio 和 Vuforia。

Metaio 是一家总部位于德国慕尼黑、提供 AR 软硬件产品的公司，成立于 2003 年，公司创始人为托马斯·艾特（Thomas Alt）和彼得·梅尔（Peter Meier），是大众的子项目之一。专门从事增强现实和机器视觉技术研发，专长是 AR 技术汽车行业中的应用。该公司提供的 AR 软件包括 Metaio SDK、Metaio Creator AR 编辑器、Metaio Engineer 高精度工业 AR 软件，同时还提供适用于手机、平板电脑、笔记本电脑和智能电视的 AR 芯片。② 2005 年，Metaio 发布了第一款终端 AR 应用 KPS Click & Design，让用户把虚拟的家具放到自家的客厅图像中。此后，Metaio 陆续发布多款 AR 产品，在 2011 年赢得了国际混合与增强现实会议追踪比赛（ISMAR Tracking Contest）大奖。Metaio 一直专注于增强现实与计算机视觉解决方案，其包括 Metaio Creator 在内的多项增强现实技术已经被用于零售、汽车等多个民用行业，提供服务的公司包括奥迪、宝马、乐高玩具、微软等知名企业。Metaio 提供的产品涵盖了整个 AR 价值链的需求，包括产品设计、工程、运营、市场营销、销售和客户支持。Metaio SDK 允许开发者使用内容，而无需事先加密。当生成和部署 3D 资源和跟踪模式时，无需离线工具或服务器端加密。跟踪选项包括 2D 图像、3D 对象、3D 环境，SLAM（即时定位与地图构建）和 GPS。Metaio Creator 是一款增强现实软件，它允许用户通过一个拖放界面创建一个完整的 AR 场景，无需专门的编程知识。Metaio AR Engine 是一个芯片组，专门用于增强和优化增强现实的应用体验。其性能类似于显卡，可以让 CPU 专注于其他进程。AR Engine 可以降低设备功耗，为用户提供更多的增强现实内容。Junaio 是一个专为 3G、4G 移动设备打造的增强现实浏览器。它为开发者和内容提供商提供了一个 API，可以为终端用户提供移动的增强现实体验。目前仅适用于 Android 和 iPhone 平台。Metaio Engineer 提供了一套技术解决方案，可以在当前环境中进行对 CAD 模型及相关组件进行可视化测量，还可以显

① 王涌天，陈靖，程德文. 增强现实技术导论［M］. 北京：科学出版社，2015：134.

② AR IN CHINA. Metaio 官方教程［DB/OL］.（2016 – 02 – 11）. http://dev. arinchina. com/metaiowz/ar4873/4873/1.

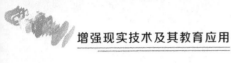

示测量偏差。①

Metaio SDK 采用免费（限制＋水印）与付费授权结合的共享方式，在全球拥有广泛的用户，与 Vuforia 一样，本是从事 AR 开发的优先选择对象。然而不幸的是，Metaio 于 2015 年 5 月被苹果公司收购后被雪藏，从开放系统走向封闭，不再对开发者提供更新，目前该公司官网的产品支持页面显示"Metaio products and subscriptions are no longer available for purchase. Active cloud subscriptions will be continued until expiration.",② 即"Metaio 产品和订阅的产品不再是可供购买，活跃的云订阅将持续到期满"。

Vuforia 是增强现实行业的领头羊之一，它是高通子公司高通联网体验（QCE）于 2010 年前后推出的针对移动设备 AR 应用的 SDK。发布后，由于优异的性能加上开源免费使用，得到开发者的欢迎，吸引了 17.5 万开发者加入，支持超过 2 万款 APP。尽管 Vuforia 于 2015 年 10 月被物联网软件开发商 PTC 收购③，但是，PTC 并没有改变 Vuforia 开放的架构，现有的 APP 保持免费不变，也会得到相同级别的支持，不过在新推出的 Vuforia 5 对商业应用提出收费计划，对于普通开发者（Starter）在使用上做出一定限制，即产品功能与商业收费版本相同，享受云识别服务，但是需要加水印，最高 1000 次云识别/月、最高 1000 种识别对象/月。④ 这样的条件对于普通开发者和教育用户已经足够。

2017 年底，PTC 公司推出 Vuforia 7 版本。该版本提出一系列的改进和新功能，例如一种称为"水平投影（Ground Plane）"的智能地形技术，可识别出特定对象的地平线，如把数字内容叠加到地面、地板或者桌面上，帮助开发者创建贴合现实世界的平面，轻松识别场景中可以放置 AR 对象的位置，帮助开发者更轻松地创建 AR 体验。和之前的版本相比，Vuforia 7 还可以更准确地识别出对象。例如，它可以识别出街道上的汽车型号。而开发人员就可以在增强现实应用程序中针对这些车开发相关的动画效果。所以当您用智

---

① 爱范儿. Metaio 是谁？［DB/OL］.（2018－07－14）. https://www.ifanr.com/703376.

② Metaio. Product Support［DB/OL］.（2016－02－18）. http://www.metaio.com/product_ support. html.

③ 网易科技. 高通以 6500 万美元售出了 AR 业务 Vuforia［DB/OL］.（2015－10－14）. http://tech.163.com/15/1014/09/B5SIHI0B00094P0U.html.

④ Vuforia Developer Portal. Pricing Overview［DB/OL］.（2016－02－18）. https://developer.vuforia.com/pricing.

能手机的镜头或 AR 眼镜拍摄一辆车时，或许就可以得到规格和价格等细节信息。尽管苹果和谷歌开发出了自己的 AR 平台，Vuforia 的优势在于使 AR 的开发变得更加容易，同时开发者也能够编写一个可以在大多数设备上运行的 AR 应用程序，其中包括了 Apple 和 Android 设备。同时，由于 Vuforia 7 与 Unity 游戏引擎的深度融合，所以开发者可以轻松地将其集成到开发流程中。Vuforia Fusion 可以在多种设备上实现更好的 AR 体验。它解决了 AR 启用技术的分裂问题，包括摄像机、传感器、芯片组和软件框架（如 ARKit 和 ARCore）。它能够感知底层设备的性能，并将其与 Vuforia 的功能结合，使开发人员能够仅依靠单个 Vuforia API 就实现最佳的 AR 体验，除了过百个 Android 和 iOS 设备之外，Vuforia Fusion 还将为 ARCore 和 ARKit 设备带来更先进的 Vuforia 功能。在应用程序中，Vuforia Engine 像是一个"数字眼"，选择在体验者看来最接近现实的方式，找到放置 AR 对象的位置和平面。在 Vuforia 7 中引入了一个新功能 Model Targets，将数字内容叠加到使用现有计算机视觉技术不能识别出的对象上，不同于现有技术通常利用在印刷物、产品包装和许多消费品上发现的视觉设计元素，Model Targets 通过形状来识别对象。而数字内容可以叠加到汽车、电器、工业设备和机械装置等对象上，Model Targets 将提供新类型的 AR 内容，取代传统的用户手册和技术服务说明。①

第二节 基于智能手机的 Vuforia + Unity3D 技术方案及其优点

基于以上分析，研究提出基于智能手机的 Vuforia + Unity3D 的增强现实移动应用技术方案。该方案优点主要有：

一、长期稳定开源，无知识产权纠纷

随着知识产权越来越被重视，教育应用开发采用正版软件的比例越来越

---

① 青亭网. Vuforia 推第 7 代新版本，让 AR 无缝融合真实世界［EB/OL］.（2017 - 10 - 05）. http://www. 7tin. cn/news/98208. html.

高。Vuforia 刚换东家，在较长时期内不会出现类似 Metaio 被苹果收购导致不对外开放的风险，而主推"游戏开发民主化"Unity3D 更是开源的急先锋。因此，二者长期稳定开源将使得开发者无后顾之忧，习得的技术可长期使用，基于 Vuforia + Unity3D 的增强现实移动应用开发的产品不会产生知识产权纠纷。

二、跨平台性好，支持桌面和移动各种应用平台输出

这是本方案的一大优势，使用 Unity3D 可以很方便地输出 iOS、Android、Windows、MacOS X、Linux、Xbox、PS、Web，以及最新的 Oculus Rift、Gear VR、Playstation VR、Microsoft Hololens 等多达 21 种平台①。其操作也非常简单，完成项目后在"File"下拉菜单选择"Build Settings"，在弹出窗口的"Platform"中选择相应发布平台即可。同时，Unity 5 对网页应用做出重大改进，开发者在服务器端将应用部署完成后，用户无需下载 web player 插件，直接使用普通网页浏览器即可直接运行。

三、交互性强，可设计复杂逻辑，实现商业级应用

Vuforia 和 Unity3D 免费使用并不意味着功能打了折扣。免费的 Vuforia 除了在使用次数上有限制外，其他功能与付费版相同，一样可以识别"图像、物体、圆柱体、用户定义的目标、帧标记、文本和智能地形"②。Unity3D 在其官方网站也显示免费的 PESONAL EDITION 含有全部功能的引擎、免版税、支持所有平台。借助 Unity3D 强大的功能，Vuforia + Unity3D 的 AR 开发组合可以设计出包含复杂逻辑的交互，例如：利用 Shuriken 粒子系统制作逼真的烟雾、水汽效果，利用 Mecanim 动画系统制作管理复杂交互的动画，PhysX 物理引擎制作力场、碰撞、反弹特效，NavMesh 寻路系统制作角色运动路径；同时这些操作都可以通过 C#脚本进行控制。中国 75% 以上 3D 手机游戏采用 Unity3D 开发也证明了这一点（图 4 - 4）。

① Unity. Company Facts［DB/OL］.（2016 - 01 - 28）. http://unity3d. com/public - relations.

② Vuforia Developer Portal. Pricing Overview［DB/OL］.（2016 - 02 - 18）. https:// developer. vuforia. com/pricing.

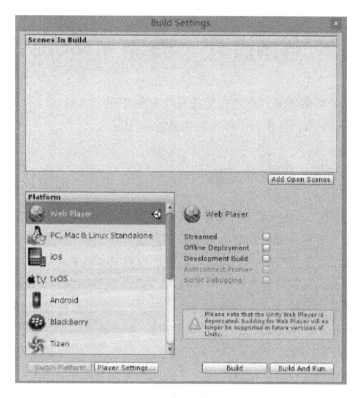

图 4-4　使用 Unity3D 输出各种平台应用的操作界面

四、不需要过多硬件依赖，易获得性高

本方案中，实现 AR 的硬件主要通过智能手机去实现。普通智能手机已经满足 AR 硬件要素的所有条件。相对于专门 AR 头盔显示器，智能手机显示效果所带来的沉浸感要弱一点。但是，集成 GPS、电子罗盘、陀螺仪芯片的智能手机对标识物的识别跟踪能力强；同时，智能手机支持重力、光线、距离感应，这大大增加 AR 应用的交互手段，开发者可据此开发相应情境的应用。目前，智能手机已经成为普通人的标配，它在普及程度、可移动性、易用性等方面更是其他 AR 硬件无法比拟的。因此，基于智能手机的 AR 应用，不需要过多硬件依赖，易获得性高，是教育领域的首选。

第三节 "岭南佳果"增强现实移动应用开发

研究以"岭南佳果"为例，应用基于智能手机的 Vuforia + Unity3D 方案开发 AR 移动应用，具体展示该方案的教育应用方法。

一、应用的功能与界面设计

"岭南佳果" AR 移动应用在智能手机中安装运行后，可以拍摄、识别岭南地区各季节常见水果，介绍该水果的营养信息、生长环境与分布范围、药用价值、食用方法与禁忌，播放水果的挑选与种植方法视频，介绍该水果的相关小故事等，实现岭南地区的乡土教育，扩展学习者的生活知识。其中乡土教育主要通过岭南地区水果的生长环境、分布范围和种植方法等模块实现，生活知识扩展主要通过水果的食用方法、如何挑选水果等模块实现。

"岭南佳果"的界面呈水平分布，主要使用橙红、黑、白三种配色，整体采用扁平化风格设计，没有使用太多的阴影与发光效果。其中，左侧导航栏主要显示识别后水果的介绍、食用方法等，并可以将相关知识分享到自己的朋友圈等社交情境。界面的中部是主体显示区，主要显示拍摄画面、识别结果，以及介绍文字、视频信息等。界面右侧是拍摄按钮，可以对识别对象进行放大缩小以获得更好的识别效果；同时做了一个巧妙设计，通过橙红不透明色块对 Vuforia 的水印做了一个遮挡，美化了显示，从界面上做到和付费版相同的效果（图 4 – 5）。

图 4 – 5 "岭南佳果" AR 移动应用界面设计

二、开发过程

"岭南佳果"AR 移动应用开发过程包括开发环境布置、识别图制作、设置场景与逻辑、打包输出等环节。

1. 开发环境布置

下载安装好 Unity3D，首次使用时须注册登录 Unity account 方可正常使用，注册时简单提供用户名、密码、回答安全问题等信息即可。下载 Vuforia SDK，研究选择 vuforia – unity – 5 – 0 – 10. unitypackage 版本，双击导入到 U-nity3D 后，在工程目录的 Assets 多了 Vuforia 文件夹，完成开发环境布置（图 4 – 6）。

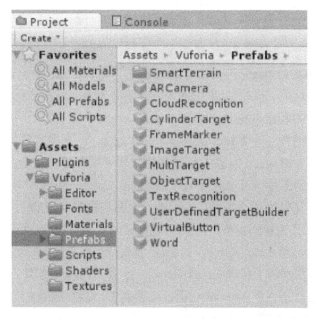

图 4 – 6 导入 Vuforia SDK 至 Unity3D，完成开发环境布置

2. 识别对象制作

注册登录 Vuforia account 后，为"岭南佳果"应用申请 license key（ht-tps://developer. vuforia. com/targetmanager/licenseManager/licenseListing），输入应用名称、设备类型、授权种类后，下一步确定即可，license key 将在后面设置 ARCamera 时使用（图 4 – 7）。

Add License Key

Application Name

south china fruit

You can change this later

Device

Please select which device your app will use

◉ Mobile   ○ Digital Eyewear

License Key

Please select a license key. See pricing for details or contact us for custom options.

◉ Starter - No Charge

○ Classic - $499 (one time fee)

○ Cloud - Starting at $99/mo

Select a monthly plan ⌄

Next

图 4 - 7   申请 Vuforia 的 license key

获得 license key 后进行识别对象管理（Target Manager），即 AR 应用将来可以识别的对象。点击 Add Database 按钮进入 Database Create，创建识别对象 Database 的名称与类型，进而在 Database 中 Add Target，确定识别对象的类型（包括图片、立方体、圆柱体和 3D 对象）、上传对象的图片或者描述数据。注意为提高 AR 对象的可识别性，须尽可能提供清晰度高、差异度大、识别点多的图片，可以在 Target 的 Show Features 中看到对象的识别点。为提高"岭南佳果"中水果的可识别性，对易识别的水果如火龙果，研究采用 ImageTarget 作为识别类型，对识别率较低的水果如苹果，研究应用 Vuforia 对象扫描器（Vuforia Object Scanner）捕获目标水果的 3D 对象特征，并将生成的对象数据文件上传到 Target Manager 中去，大幅度提高了识别率。Vuforia 对象扫描器是一个 Android 应用，可提高 3D 对象的识别度，目前支持仅三星 Galaxy S5 和谷歌 Nexus 5（图 4 - 8）。①

"识别对象制作"的最后一步是下载识别对象 Database，双击导入 Unity3D 的 Package 中去。

---

① Vuforia Developer Portal. Vuforia object scanner[DB/OL]. (2019 - 01 - 29). http://developer. vuforia. com/downloads/tool.

Add Target

Type:

Single Image   Cuboid   Cylinder   3D Object

File:

Choose File   Browse...

.jpg or .png (max file size 2mb).

Width:

Enter the width of your target in the scene units. The size of the target shall be on the same scale as your augmented virtual content. The target`s height will be calculated automatically when you upload your image.

Name:

Name must be unique to a database. When a target is detected in your application, this will be reported in the API.

图 4 - 8　在 Vuforia 网站中添加识别对象

3. 设置场景与逻辑

打开 Unity3D 的"岭南佳果"项目文件，新建场景后按界面设计布置 UI 元素。在 Hierarchy 中删除默认摄像机，将导入的 Vuforia 文件夹下 Prefabs 中两个预设体 ARCamera 和 ImageTarget 拖入 Hierarchy。进行 ARCamera 设置，将 Vuforia 网站中获取的 License Key 填入 ARCamera 的 App License Key 属性中去，确保与识别图所在的 Lisense 一致；勾选 Database Load Behaviour 下 Load Data Set 和 Activate 后的选框，启用导入的识别对象 Database。进行 Image Target 设置，在 Data Set 与 Image Target 中下拉选择导入 Package 的图像，将 Image Target 与识别对象进行绑定；添加识别对象后需要显示对象，拖动需要显示的物体到 Image Target 下即可。在"水果简介""食用方法"等模块主要使用 Unity UI 对象显示相关介绍信息，如各种 text、Image、button、text field，Unity3D 5 对 Component 里面的 UI 做了较大优化，无需使用插件即可较好地完成各种信息显示；在"种植方法""水果故事"等环节需要播放视频时，调用如下代码：

```
using UnityEngine;
using System. Collections;
public class PlayVideo：MonoBehaviour {    //定义用于播放视频的公共类
    public MovieTexture texture
    void Start () {}
    void Update () {
        if (Input. GetButtonDown (0)) {   //初次获得按钮 down 事件时,
                                               播放视频
            renderer. material. mainTexture = texture;
            texture. Play ();
        }
        if (Input. GetButtonDown (1))  {//再次获得按钮 down 事件时,
                                               停止播放视频
            renderer. material. mainTexture = texture;
            texture. stop ();
        }
    }
}
```

4. 打包运行

完成所有开发工作后,"Ctrl + B"对"岭南佳果"应用进行打包输出手机安装 APK, Android 需要 windows 下配置安卓 SDK, iOS 需要在 MAC 机下打包发布。发布时,系统会检测相应的模块(module)是否 load, 不完整下载即可。

AR 技术将虚拟世界与现实世界结合起来,为教育提供了更丰富的呈现方式,增强了学习的交互性与参与感,使得知识与信息能够更有效地被学习者接受和吸收,正在成为信息技术教育应用新的热点。研究紧跟技术发展的脚步,提出了跨平台性好、易获得性高、具有发展前景的 Vuforia + Unity3D增强现实移动应用技术方案,并依此开发了"岭南佳果" AR 应用。在内部测试中,具有较高的识别率,达到98%以上。同时该应用在内容上具有良好的扩展性,在保持程序框架不变的前提下,通过替换内容可以迅速转化成当地的乡土知识学习。下一步研究,准备将该 AR 应用于小学高年级学生综合实践活动中去,探索 AR 教育应用的方法、模式与效果。

第五章 增强现实学习资源和产品介绍

第一节 AR 网络学习资源

一、Vuforia 官网[①]

如前文所述，Vuforia 是增强现实行业的领头羊之一，它是高通子公司高通联网体验（QCE）于 2010 年前后推出的针对移动设备 AR 应用的 SDK。发布后，由于优异的性能加上开源免费使用，得到开发者的欢迎，吸引了众多开发者加入，支持超过 4.5 万款 APP。Vuforia 于 2015 年 10 月被物联网软件开发商 PTC 收购。毋庸置疑，Vuforia 的官方网站是基于该方案技术学习的最佳资源。

Vuforia 官网主要栏目包括：开发者门户（Dev Portal）、工具与资源（Tools & Resources）、产品特性（Features）、定价（Pricing）、应用程序（Apps）、案例研究（Case Studies）、设备（Devices）等部分（图 5 - 1）。

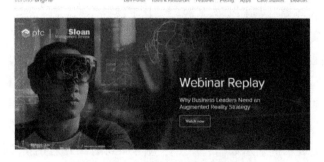

图 5 - 1　Vuforia 官方网站首页截图

---

① Vuforia[DB/OL].（2019 - 01 - 29）. https://www.vuforia.com/.

1. 开发者门户

开发者门户是 Vuforia 官网的核心模块。开发者门户包括主页、下载、知识库、开发和支持等内容。在主页中，访问者可以获取 Vuforia 开发的最新资讯、相关技术研讨会的报道等（图 5-2）。

图 5-2　Vuforia 开发者门户首页截图

（1）下载

开发者门户贴心地为访问者下载各种资源进行了分类，包括：最新的各个版本的 SDK 下载、操作实例下载、工具下载等。

在操作实例下载模块,① 包括核心特征示例（通过示例展示如何使用 Vuforia 的核心特性来构建应用程序。这些核心特征包括模型目标、地形平面、图像目标、目标识别、柱面目标、多目标、用户定义的目标、云识别、纯本机的文本识别、虚拟按钮；同时还可以在 Unity 知识库中找到 Unity 核心特性示例）、数字眼镜示例（演示如何为不同类别的数字眼镜设备构建应用程序。HoloLens 示例显示如何将 AR 体验附加到图像并启用扩展跟踪；数字

---

① Vuforia. Downloads samples［DB/OL］.（2019-01-29）. https://developer. vuforia. com/downloads/samples.

眼镜样本演示了单声道和立体眼镜装置上的渲染；VUZIX M300 支持单渲染，ODG R7 和爱普生 BT－200 支持立体声渲染；AR/VR 示例展示了如何为视频透视设备创建混合现实应用程序）、高级主题示例（展示如何实现复杂的渲染技术，以丰富应用程序的创造性效果，例如遮挡管理、背景文本访问、视频回放、多米诺骨牌、C++ 的图像目标）、最佳实践（这些示例演示了确保有效用户体验的推荐设计实践，例如：书籍示例展示如何使用云识别来扫描图书封面和覆盖购买信息。可以使用云识别来识别数百万个不同的目标，从杂志页面到产品标签）、Vuforia Web 服务示例（演示如何使用 Vuforia Web 服务 API。java 和 PHP 的示例显示了如何从自己的内容管理系统管理云的目标；Python 示例展示了如何自动生成 VuMarks 并实现云识别 Web API；VuMarks 用于识别和增强特定目标，例如玩具、消费品等）。

工具下载[①]包括 Vuforia 模型目标生成器（Vuforia Model Target Generator）、Vuforia VuMarks 设计器（Vuforia VuMark Designer）、Vuforia 目标扫描器（Vuforia Object Scanner）和 Vuforia 校准助手（Vuforia Calibration Assistant）的下载。

模型目标生成器是一个 Windows 桌面应用程序，它允许开发者从预先存在的 3D 模型快速创建目标；模型目标生成器支持流行的格式，包括 . Obj. F. x，. PVZ，. STL，. IGS，. DAE，. STP，和 . VRML。模型目标生成器是一个 Android 移动应用程序，提供了一个简单的方法来验证您的目标；在安装测试应用程序后，简单地加载模型目标并测试应用程序；模型目标生成器预先配置了维京着陆器的 3D 模型，开发者可以在这里看到维京着陆器的 3D 打印模型（注：模型目标测试应用程序支持运行 Android 5.0 和稍晚的 Android 设备）。

Vuforia VuMarks 设计器允许使用 Adobe 插图器创建自己的 VuMarks。VuMarks 是完全可定制的，设计它们很容易。首先，根据需要编码的数据类型选择一种编码类型，例如 URL 或序列号。接下来，创建一个自定义设计围绕一个标志或您选择的图像。最后，将导出的 VuMarks 上传到目标管理器，并按需要生成多个。

Vuforia 目标扫描器允许通过扫描 Android 设备来创建目标。只需安装应用程序，将对象放置在 Vuforia 扫描目标上，并开始扫描。应用程序提供扫

① Vuforia. Downloads tool［DB/OL］. (2019－01－29). https://developer.vuforia.com/downloads/tool.

描进度和目标质量的实时视觉反馈，并建立一个坐标系统，以便可以构建精确对齐的数字内容的沉浸式体验。测试模式允许在启动任何开发之前评估应用程序中的识别和跟踪质量。

Vuforia 校准助手允许多个用户为光学直视数字眼镜装置创建个性化校准轮廓。校准轮廓说明用户独特的面部几何结构，并确保准确地将内容登记到真实世界。Vuforia 校准助手用于以下光学透视设备：ODG – R7 和爱普生BT – 200。

（2）知识库

知识库（Library）也是开发者门户的核心内容。知识库①包括 Unity、IOS、UWP、Android 等平台开发的技术指导，产品特性、API 类库、工具、最佳实践案例、声明和常见问题等。其中 Unity 的知识目录是"Unity 环境下安装 Vuforia，创建一个新的 Unity 项目，Vuforia 游戏对象，激活项目中的Vuforia，在 Unity 中访问 Vuforia 特征，向场景添加目标，增加数字资产，在场景中运行，构建和运行应用程序，为数字眼镜配置项目，了解更多"。IOS的知识目录是"建立 IOS 开发环境，安装 Vuforia IOS SDK，如何安装 VuforiaIOS 案例，编译和运行 Vuforia IOS 示例，IOS 64 位迁移"。UWP 的知识目录是"在 Unity 中开发 Windows 10 应用，在 VisualStudio 2015 中使用图片目标"。Android 的知识目录是"在 Android 中建立 Vuforia 开发环境，安装 Vuforia Android SDK，如何编译和运行 Android 示例，如何使用 ADB（AndroidDebug Bridge 简称，安卓调试桥）安装 APK"。Vuforia 知识库部分常见问题：② ①如何动态加载模型资源并且将模型资源赋予某一个 ImageTarget，地址：https://developer. vuforia. com/forum/faq/unity – how – can – i – dynamically – attach – my – 3d – model – image – target；②在程序运行时更换 3D 模型资源以及更换 MARKER，地址：https：//developer. vuforia. com/forum/faq/unity – how – can – i – dynamically – swap – 3d – model – target；③如何缩放旋转位移识别图像坐标下的 3D 模型，地址：https://developer. vuforia. com/forum/faq/unity – how – can – i – transform – teapot；④如何通过手指移动识别图像坐标下的 3D 模型，地址：https：//developer. vuforia. com/forum/faq/unity – how – can – i – drag – teapot；⑤如何计算屏幕坐标映射到识别图像坐标系的位置

---

① Vuforia. Library［DB/OL］.（2019 – 01 – 29）. https：//library. vuforia. com/.

② 喜欢雨天的我. Vuforia 学习推荐［DB/OL］.（2019 – 01 – 29）. https：//blog. csdn. net/qq_ 15807167/article/details/51720345.

（或者反过来），地址：https：//developer. vuforia. com/forum/faq/unity – how –
can – i – get – target – screen – coordinates；⑥如何制作 Android 插件，并且把
它和你的 Unity 工程结合起来，地址：https：//developer. vuforia. com/forum/
faq/unity – android – plugins；⑦如何导出一个基于 Android/Eclipse 的工程，
并且添加传统的 UI 上去，地址：https：//developer. vuforia. com/forum/faq/u-
nity – how – can – i – extend – unitys – android – activity；⑧如何获取截屏，地
址：https：//developer. vuforia. com/forum/faq/unity – how – can – i – capture –
screen – shot；⑨如何获取 Camera 图像数据，地址：https：//developer. vufo-
ria. com/forum/faq/unity – how – can – i – access – camera – image。

（3）开发

开发者门户的"开发"① 模块包括 License Manager（许可证管理器）和
Target Manager（目标管理器）。其中许可证管理器是为应用程序创建许可证
密钥，其字段包括"名称""类型""状态""日期修改"；目标管理器用来
创建和管理数据库和目标，字段包括"数据库""类型""目标""修改日
期"等。

（4）支持

开发者门户的"支持"模块②包括支持中心和论坛。支持中心当前热门
话题是平台基础（从 Vuforia 开始，Vuforia 目标管理器，许可证管理器），参
考文献（Vuforia API 参考，Vuforia Web 服务 API，发行说明），样例支持
（本地示例应用模板，定制云案例），数字眼镜（Vuforia 对数字眼镜的支持，
HoloLens 开发，混合现实体验的最佳实践）。当前热门文章是"如何在 Unity
中使用 Vuforia，如何向应用程序添加许可证密钥，如何迁移现有应用程序，
Unity 的混合现实控制器，优化 AR/VR 应用性能的高级技巧，使用旋转设备
跟踪器，Vuforia 目标扫描器，扩展跟踪，聚焦模式，Unity 相机图像访问，
项目解释矩阵，Unity 支持版本"。

2. 案例研究③

案例研究（Case Studies）是"应用程序"栏目的深入介绍，该栏目推

① Vuforia. license – manager. ［DB/OL］.（2019 – 01 – 29）. https：//developer. vuforia.
com/license – manager.

② Vuforia. support. ［DB/OL］.（2019 – 01 – 29）. https：//developer. vuforia. com/sup-
port.

③ Vuforia. case – studies. ［DB/OL］.（2019 – 01 – 29）. https：//www. vuforia. com/
case – studies. html.

荐了 20 个典型采用 Vuforia 方案的 AR 应用，本书选取其中具有代表性的案例进行介绍。

（1）APIL（Advanced Perioperative Imaging Lab，高级手术影像实验室）开发的医学 AR 应用①

使用医学成像技术如计算机断层扫描、磁共振成像和超声波，给临床医生提供了强大的工具来评估和诊断他们的病人。这些成像方式可提供在三个垂直轴平面内观察患者（器官）。然而，复杂的解剖结构和罕见的病理很难单独基于二维图像解释。有时，需要一个 3D 模型来提供更清晰的器官在空间中的展示。并给临床医生一个形象的模型，在他们的病人进行医疗过程之前用工具和器械进行物理操作。APIL 专门针对医学教育和手术前规划的患者特定器官的 3D 建模和打印。基于学习者和临床医生的反馈，这些器官的 3D 打印用于研究和临床使用一直是有价值的工具。3D 打印模型的弱点在于它们无法将上下文数据直观展现给用户，除非该模型与打印出的数据表或联机描述相伴随。我们的实验是开发一个移动增强现实（AR）应用程序来检测 3D 打印器官和显示相关联的医学数据供临床医生使用。

面对此需求，APIL 实验室的解决方案是使用 Vuforia 的模型目标发生器。通过模型目标发生器能够使我们快速地将患者特定的 3D 打印心脏模型转换成 Vuforia 所识别的基准标记，进而以此为坐标展示相应的内容（图 5 - 3）。

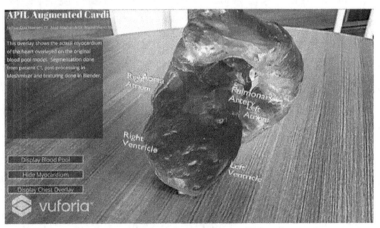

图 5 - 3　APIL 实验室的心脏模型

---

① Joshua Qua Hiansen, Azad Mashari, Massimiliano Meineri. apil. ［DB/OL］. (2019 - 01 - 29). https://www.vuforia.com/case - studies/apil.html.

Unity 和 Vuforia 的集成使我们能够快速迭代不同的应用程序设计和添加 UI 元素，以及快速测试 3D 打印心脏和 AR 场景相机在各种位置和照明条件下的精度和检测率。然后创建几个覆盖物来指出 3D 模型上的特定解剖点，打开和关闭心脏的心肌，并显示关于该特定心脏病理学的具体信息，如主动脉夹层等（图 5 - 4）。

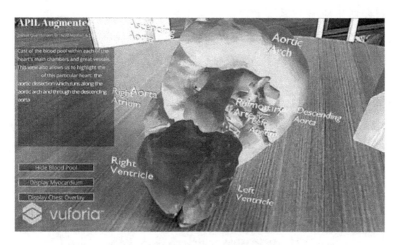

图 5 - 4　借助 Vuforia 叠加虚拟信息

从数据分析来看，从 APIL 的实验 AR 应用程序的开发结果比较成功。这种 3D 打印心脏的检出率是快速和准确的。3D 覆盖能够显示一些我们无法解释的东西，而不需要一张纸，比如心脏室的标签。此外，还能够覆盖心脏的心肌允许我们在不能用 3D 打印机复制的数字模型上显示纹理。最有用的是数字叠加完整病理心脏的能力。这种特殊的患者特异性心脏模型有一种称为主动脉夹层的异常。3D 打印这个解剖结构是复杂的，花费了几乎一样多的时间来制造其他腔室的组合。这种特殊的 3D 打印心脏是为心脏解剖学教育而制作的，因此主动脉夹层不是必需的，但是 AR 应用程序允许我们将心脏的必要部分进行 3D 打印，同时仍然允许用户以数字方式看到、学习和与全模型交互。这节省了我们的时间和 3D 打印的材料，而不必妥协物理模型所代表的数据量。目前的发展包括完全动画和跳动的心脏，更多的相关数据被放置在心脏模型上，以及嵌入的超声模拟器，允许临床医生在 3D 打印心脏模型上数字地"实践"他们的超声心动图技术。

（2）AVATAR Partners（阿凡达合作）公司开展的 Vuforia 模型目标在飞

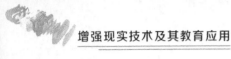

机维修中的应用[①]

在开发飞机维护类增强现实应用时，准确地跟踪飞机部件和系统的能力是其关键。这对于军用战斗机来说更为重要，军用飞机的内部空间已经被高度优化，因为已允许大量系统集成到一个非常密集和拥挤的空间中，在各种访问面板的背后，隐藏着大量的系统和连接器位。此外，现代战斗机非常大的尺寸对保持飞机及其系统的稳定跟踪带来了额外的问题。因此，军用飞机不是很好的 AR 附加标记物，因为它们通常不会附着在飞行器身上，传统的无标记跟踪在飞行器周围移动时往往会失去锁定或漂移。

AVATAR Partners 公司的解决方案是：通过使用新的 Vuforia 模型目标特征，AVATAR 已经能够锁定和保持高度稳定地跟踪在飞机的主要位置。AVATAR 选择了前起落架组件作为主要的概念证明，演示界面如图 5-5 所示。

图 5-5　AVATAR Partners 公司开发的 AR 飞机维修系统

为了加速发展，AVATAR Partners 公司制作了 F/A-18F 飞机的大比例模型（6∶1）。这个模型允许我们改进应用程序，而不必去真正的飞机上进行测试，只需对程序进行更改和调整即可。AVATAR Partners 公司开发了前起落架的 CAD 模型。在该模型中，Vuforia 提供了牢固锁定目标的能力，当用户从一侧到另一侧前后移动时，该目标不会漂移。

当进行诸如电缆/布线和液压系统之类的故障排除时，经常需要将连接器前面的设备移除进行测试。这就需要将额外的设备带到飞机上，以移除、

---

①　AVATAR Partners. Vuforia Model Targets Application in Aircraft Maintenance. ［DB/OL］. (2019-01-29). https://www.vuforia.com/case-studies/avatar-partners.html.

重新安装和测试这些项目，这容易导致设备的延迟和额外磨损。前起落架的概念证明 AR 维修系统实现了一个持续跟踪和测试功能，通过增强现实的方式复制维护手册的维修过程，突出显示在该过程中需要打开面板的每个连续步骤，以及在测试中使用的连接器和引脚、惯性导航与制导等。在 AR 系统中，为限制部件的磨损而需执行测试过程的最小破坏性序列，以及限制其他人员调用移除它们的系统和组件被高亮显示，特别强调需要注意这点。这个模型带来的另一个好处是能够生成整个飞机的 3D 数字图像，该图像允许对导线的跟踪应用演示，而不需要具有 9 英尺飞机模型或实际的 F/A18 飞机用于演示。

结果：通过使用该技术，减少了维修人员所需的培训时间，提高了培训的有效性，降低了昂贵且难以运输的培训材料的成本。额外的好处包括更快的维修时间，从而减少飞机停机时间和显著的成本节约。

（3）Scholastic 公司的书展 AR 应用[①]

90 多年来，Scholastic 公司一直致力于通过提供优质、经济实惠的书籍和教育产品来培养孩子阅读的终身爱好。作为 Scholastic 公司的图书发行主要渠道之一，Scholastic 公司书展将与全国各地的学校合作，举办超过127 000 个书展活动，影响 3500 万多个学生和家庭。

书展通常是一个为期一周的活动，孩子们可以浏览和购买他们喜爱的书籍。每一个书展都在秋季和春季提供了各式各样的书籍，并始终包括最新的获奖者和最受欢迎的书籍，通常只在图书专刊中发行。Scholastic 公司还提供计划材料、促销工具和商品陈列，帮助学校创造一个令人兴奋的书店环境。Scholastic 书展寻求一种解决数字化经验的方法，一种更有效的方法：帮助家长在书展上找到与孩子阅读水平和兴趣相匹配的书籍；帮助父母和他们的孩子与书展和阅读经验建立更紧密的联系；提高图书的可发现性，推动图书销售。

Scholastic 公司的解决方案是：了解到家庭普遍使用智能手机，特别是手机的拍照功能，Scholastic 书展将利用 Vuforia 开发一个新的书展应用程序，为 iOS 和 Android 手机提供数字化的购书体验（图 5–6）。

该应用程序为家长提供了通过 Scholastic 提供的数千本图书的信息，将物理产品连接到一个新的数字体验，家长简单地通过将手机相机扫描图书封

————————

①　Vuforia. Scholastic Book Fairs. ［DB/OL］. (2019 – 01 – 29). https：//www. vuforia. com/case – studies/scholastic – book – fairs. html.

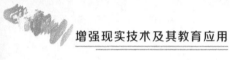

图 5-6　Scholastic 公司开发的书展 AR 应用

面即可完成。该应用程序允许家长访问他们书展上出售的书籍的详细信息，包括阅读水平，年龄/年级适当性，以及视频和播客等。从那里家长可以找到类似书籍的建议，创建愿望清单，甚至从网上书展购买。应用程序为家长提供了宝贵的资源，这将有助于他们为孩子提供最合适的书籍的知情决定。

结果：在 APP 推出后的头两个月，将近 30 000 名客户下载了 Scholastic 书籍展销会应用程序，其中 72% 为 iOS 设备。这证实了父母寻求可访问的、易于使用的工具和资源，帮助他们为孩子选择和购买书籍的需求是强劲的。同时，这款应用获得了很高的评级，包括 3.5 个星（满分 5 星）的 iTunes 评级和 4 星（满分 5 星）的谷歌游戏评级（图 5-7）。

客户评论 1："像这样的应用程序对于任何想要帮助孩子发现阅读魔力的成年人来说都是一个非常有用的工具……（APP）为我们提供了一个巨大的改变，让我们的孩子阅读作为一个终生的活动"。

客户评论 2："扫描功能很好，我喜欢轻松阅读和其他链接"。

Scholastic 公司的媒体总裁 Deborah Forte 指出，"Scholastic 已经加入了一个最优秀的技术合作伙伴（Vuforia），以满足家长和教师客户的需求。"Scho-

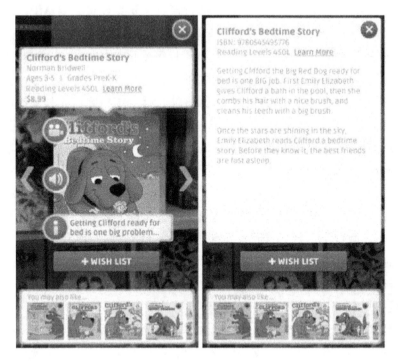

图5-7 书展 AR 应用的操作界面

lastic 公司的主席 Alan Boyko 指出："这个新的应用程序正在改变家长们在 Scholastic 书展上导航的方式，并帮助他们为孩子找到正确的书。在这个更高标准的时代，学生需要提高他们的词汇量，阅读更复杂的文本，并培养更大的批判性思维技能。要做到这一点，我们知道，我们的学生必须花更多的时间独立阅读，而 Scholastic 书展 APP 配备了 AR 技术，以帮助每个孩子找到他们不能等待阅读的书籍。"

3. 其他栏目介绍

在 Vuforia 官网中最重要的模块是"开发者门户"。官网中，工具与资源①（Tools & Resources）主要指向"开发者门户"工具下载和知识库的链接。

产品特性（Features）介绍了如何将数字内容附加到特定对象，这些特定对象包括模型目标、图像目标、多目标、柱面目标、对象目标等。其中模

———————
① Vuforia. tools – and – resources. ［DB/OL］.（2019 – 01 – 29）. https：//www. vuforia. com/tools – and – resources. html.

型目标允许使用预先存在的 3D 模型通过形状来识别物体，将 AR 内容放在各种各样的项目上，如工业设备、车辆、玩具和家用电器。图像目标是将 AR 内容放在诸如杂志页面、交易卡和照片等平面物体上的最简单的方法。多目标是针对具有平坦表面和多个侧面的物体，或者包含多个图像，产品包装，海报和壁画都有很大的多目标。圆柱体目标能够将圆柱体和圆锥形物体放在物体上，汽水罐、带印刷图案的瓶子和管子是圆柱体目标的最佳选择。对象目标是通过扫描对象创建的，该对象可以是一个玩具或者是具有丰富的表面细节和一致形状的其他产品。

定价[1]（Pricing）栏目详细介绍了免费版、经典版、云端和专业版这四个版本的功能和收费方案。应用程序[2]（Apps）按"广告、服装、建筑、艺术、汽车、教育类、数码产品、游戏娱乐、食品饮料、游戏、保健、工业的、出版业、零售税、体育、旅游、玩具"分类方式对采用 Vuforia 方案的应用程序进行了分类整理。

设备[3]（Devices），Vuforia 软件与广泛的设备和操作系统兼容，使新的受众能够体验到交互式体验；支持绝大多数智能手机和平板电脑在 Android、iOS 和 Windows 10 上运行；支持广泛的最新数字眼镜和 AR + VR 观众。

二、AR 学院[4]

AR 学院是中文 AR 学习的社区，基于 BBS（Bulletin Board System，电子公告牌）技术建立。整个网站分为"首页""教程""问答""资源""资讯""虚实百科""评测"等栏目。

1. 网站主要功能介绍

"首页"主要包括热点图片新闻、最新发表（技术贴）、热点资源、热点问答、快速入口、明星学霸、技术交流群、联系我们、友情链接（图 5 - 8）。

目前 AR 学院主推的新闻或产品是北京新视维科技推出的 NVisionXR 引

① Vuforia. pricing. ［DB/OL］.（2019 - 01 - 29）. https://developer. vuforia. com/vui/pricing.

② Vuforia. apps. ［DB/OL］.（2019 - 01 - 29）. https://www. vuforia. com/apps. html.

③ Vuforia. devices. ［DB/OL］.（2019 - 01 - 29）. https://www. vuforia. com/devices. html.

④ AR 学院. ［DB/OL］.（2019 - 01 - 29）. http://www. arvrschool. com.

图 5 – 8　AR 学院网站首页截图

擎，号称是全球首款跨平台多兼容原生 AR 应用研发引擎，具有轻量化（占用空间小）、跨平台（同时支持 Android、iOS 双平台）、多兼容（可兼容多款 AR 平台，如 Vuforia、ARKit、ARCore 等；另外还可以集成例如手势识别、语音交互、人脸识别等 SDK）、效率高（代码集成度高，简单易用，提升开发效率）的特点。

　　"教程"是 AR 学院的主要组成部分，由视频教程（按 Vuforia、Unity3D、EasyAR、太虚 AR、HiAR、VR 游戏开发进行分类），AR SDK 专区（按 Vuforia、Vuforia 官方文档翻译、视 +/EasyAR、太虚 AR、HiAR、AR Toolkit、Google ARCore、ARKit 进行分类），ARVR 综合区（按开源实验室、Unity3D 基础、NVisionXR 引擎、猫耳 VR 播放器等进行分类），VR SDK 专区（按 VR 游戏开发、Oculus Rift、HTC Vive、Gear VR、Google VR 进行分类），交互专区（按体感、手势、UI 进行分类）组成。

　　随着 Web2.0 应用的逐渐成熟，问答网站或者系统越来越受到用户的喜爱。在问答平台，大家可以在接受专家和其他网民帮助的同时，也尽力给别的网民提供有效的帮助。问答网站中，教育、医疗、情感等主题的内容最为流行。AR 学院也提供了问答功能，主要包括 Unity3D、AR 和 VR 知识相关的问答。

　　提供资源下载是技术类网站的一大特色和聚集人气的有效方法，AR 学院也不例外。AR 学院的"下载"栏目包括模型素材、源码、插件、应用推

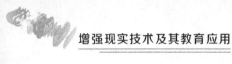

荐、文档和项目众包等，其中源码、模型素材和插件是热点。例如，在"模型素材"和"源码"① 模块提供"AR 魔法卡片""Unity3D 带动作的模型""Unity3D 部落小矮人模型包""Unity3D 喷火效果特效""Unity3D 溶解特效""Unity3D 超清厂房""火精灵—套 6 个动作模型""Unity3D 天气效果插件 – 天气魔法师""Unity3D 卡通城市模型""Unity3D 自发光插件 Glow 11" 等模型下载。

插件（Plug – in）是一种遵循一定规范的应用程序接口编写出来的程序，其只能运行在程序规定的系统平台下，而不能脱离指定的平台单独运行。插件的定位是开发实现原系统平台、应用软件平台不具备的功能的程序。很多软件都有插件，插件有无数种。例如在 IE 中，安装相关的插件后，WEB 浏览器能够直接调用插件程序，用于处理特定类型的文件。插件的好处是易修改、可维护性强，由于插件与宿主程序之间通过接口联系，就像硬件插卡一样，可以被随时删除、插入和修改，所以结构很灵活，容易修改，方便软件的升级和维护；可移植性强，重用力度大，因为插件本身就是由一系列小的功能结构组成，而且通过接口向外部提供自己的服务，所以复用力度更大，移植也更加方便；结构容易调整，系统功能的增加或减少，只需相应的增删插件，而不影响整个体系结构，因此能方便的实现结构调整。② AR 学院提供大量 AR 应用开发时需要的插件，已扩充程序的功能，例如 Unity 大屏交互插件（Unity 程序要发布到大型触摸屏一体机使用，可以多点触控，可以通过 NGUI 的 UICamera 来获取鼠标的偏移和位置的数据），Mobile Movie Texture 插件（Unity 的视频播放插件，支持 Android 手机端的视频播放），Unity 播放视频转换工具（可将视频直接转换为 ogv 格式，Unity 可以加载播放），Vuforia 在 Unity Editor 中显示特征点的插件（Vuforia 在 Unity Editor 中显示特征点的插件，可显示选用的 Image Target 的特征点分布），Unity3D 中常用的陀螺仪传感器插件 DyroDroid4，Easy Code Scanner 扫描二维码插件，等等。

2. 精华知识贴

由于 AR 学院里教程较多，初学者不知道从哪学起，因此学习其中的精华知识贴就非常重要。

---

① AR 学院. 源码. ［DB/OL］.（2019 – 01 – 29）. http://www. arvrschool. com/thread – 61.

② 百度百科. 插件. ［DB/OL］.（2019 – 01 – 29）. https://baike. baidu. com/item/% E6% 8F% 92% E4% BB% B6/369160?fr = aladdin#4.

（1）AR 各 SDK 比较[①]

"综合来说，Vuforia 目前功能最完善，稳定性最好。现在其他几家（提供增强现实 SDK 的产品）也已经逐渐与 Vuforia 缩小差距，相信会越来越完善。

EasyAR 目前已经产品化，功能也越来越完善，相信后面会更好。如果你要做产品，不妨试试，至少技术支持能够到位，有保障。另外这家的视 + 做的也非常好。SLAM 和 3D 识别以及云识别 2.0 版本也会放出。链接：http://www.arvrschool.com/index.php?c = thread&fid = 75。

太虚 AR，其实和它的名字无关，一点都不虚。在跟踪稳定性这方面比 Vuforia 差，但是比 EasyAR 稍微强点，另外还支持手绘以及模糊识别，目前已经投入产品化。如果你要做产品，不妨试试。SLAM 功能后续会发出。看了视频，还是很震撼的。链接：http://www.arvrschool.com/index.php?c = thread&fid = 83。

HiAR 是亮风台信息科技有限公司打造的新一代移动增强现实（AR）开发平台，提供一整套世界领先的增强现实（AR）技术服务。目前只支持 AR 3D 模型和 Video 并已经正式发布，性能各方面不错，也是做产品的一种选择。AR 学院已经在第一时间更新了教程和评测：链接：http://www.arvrschool.com/index.php?c = thread&fid = 92&page = 1，http://www.arvrschool.com/index.php?c = thread&fid = 98。

（2）Vuforia 学习汇总[②]

Vuforia SDK 入门篇包括开发环境准备、资源介绍、License Manager（证书管理器）、自定义标识等四篇文章，其访问地址是 http://www.arvrschool.com/read.php?tid = 16&fid = 21。

Vuforia SDK 基础篇包括开发基础、官方 demo 解析、模型替换、模型选定与控制、模型交互、音频、动画系统、粒子系统等八篇文章，其访问网址是：http://www.arvrschool.com/read.php?tid = 27&fid = 21。

Vuforia SDK 进阶篇包括 VideoPlayback（视频播放）、虚拟按钮（共四部分）、用户自定义 Target（共两部分）、Multiple Target（立方体识别）、Cylin-

①　AR 学院．AR 各 SDK 比较．［DB/OL］．（2019 - 01 - 29）．http://www.arvrschool.com/read - 651.

②　AR 学院．Vuforia 学习汇总．［DB/OL］．（2019 - 01 - 29）．http://www.arvrschool.com/read - 325.

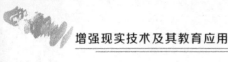

der Target（圆柱体目标识别）、Object Recognition（3D 实物识别）、Cloud Recognition（云识别）、Cloud Recognition 最佳体验（Books）等 17 篇文章，其访问地址是 http://www.arvrschool.com/read.php?tid=26&fid=21。

Vuforia SDK 开发技巧篇包括提高 Target 的识别率（共两部分）、自动对焦、Vuforia4.0 与 Unity5 注意事项、添加天空盒、Vuforia Object Scanner 用法、Vuforia Object Recognition 常见问题解答、用手指拖拽 Augmented 模型、单击或双击触发对焦功能、如何控制 VideoPlayback 中 video 的尺寸、二维码扫描与 Vuforia 结合、使用 Assetbundle 打包资源到 SD 卡读取（减少 APK 大小）、使用 Vuforia 在 Unity 3D 实现阴影效果、Vuforia unity 3D 发布 eclipse 工程（将 AR 内嵌到自己的 APP 中）、从 SD 卡中加载 Dataset 数据、用 Vuforia 实现相机前后摄像头动态切换功能、Unity 3D 截图功能实现、Vuforia 场景播放声音、动态加载识别图和资源、动态停止识别和启动识别等二十篇文章，其访问网址是 http://www.arvrschool.com/read.php?tid=47。

Vuforia SDK 视频教程包括前期准备与资源介绍、License Manager 和 Target Manager 介绍、Android 原生版本编译与运行、Unity3D 版本编译运行以及标志与模型的替换、Unity3D 模型交互、粒子系统、Vuforia 新特性介绍、AR–VR（混合现实）应用开发、VideoPalyback 应用开发、VirtualButton 应用开发等十几个视频教程，其访问网址是 http://www.arvrschool.com/read.php?tid=108&fid=36。

（3）HiAR 学习汇总[①]

搭建开发环境——适用于所有 AR SDK 使用：http://www.arvrschool.com/read.php?tid=642&fid=92。视频导入与设置建议——适用于所有支持视频的 AR SDK 使用：http://www.arvrschool.com/read.php?tid=644&fid=92。HiAR 视频专区：http://www.arvrschool.com/index.php?c=thread&fid=98。

HiAR SDK 基础篇包括什么是 HiAR、常用术语、开发简介、如何获取 AppKey 和 Secret、创建应用、导入 SDK、创建 HelloWorld 应用、添加识别图片、下载本地识别包、使用本地识别包、导出 Android 工程应用、创建视频 AR 应用等十二个教学视频，其访问网址是 http://www.arvrschool.com/read.php?tid=631&fid=92。

---

① AR 学院. HiAR 学习汇总. ［DB/OL］.（2019–01–29）. http://www.arvrschool.com/read–678.

（4）EasyAR 学习汇总①

图文教程：http://www.arvrschool.com/index.php?c = thread&fid = 75；视频教程：http://www.arvrschool.com/index.php?c = thread&fid = 86。

EasyAR SDK 入门篇包括什么是 EasyAR、EasyAR 入门、平台需求、配置 EasyAR Unity SDK、编译 EasyAR Unity demo、编译 EasyAR Android demo、编译 EasyAR iOS demo、EasyAR Target 配置等八篇技术教程，其访问网址是 http://www.arvrschool.com/read.php?tid = 668&fid = 75。

视频教程包括 EASY AR1.01 Image 识别效果、HelloARVideo（视频播放功能）攻略测评、捕捉图像作为 TARGET 功能的使用、涂涂乐功能的使用等，其访问网址是 http://www.arvrschool.com/read.php?tid = 519&fid = 86。

AR 的网络学习资源，除了 Vuforia 和 AR 学院，CSDN（Chinese Software Developer Network 中国软件开发网）的 Vuforia 学习社区②也是不错选择，此处就不再赘述了。

第二节　有代表性的 AR 公司与产品

一、亮风台的 AR 产品③

1. 公司产品

亮风台信息科技有限公司成立于 2012 年，得名于创始人家乡最高的山脉"凉风台"。该公司拥有自主研发的计算机视觉、深度学习、智能交互等人工智能核心技术，能够整合软硬件产品，构建平台级的行业解决方案（图 5 – 9）。

公司成立以来，以"端云一体"为核心理念，在行业内率先推出 SAAS（Software – as – a – Service，是一种通过 Internet 提供软件的模式）的企业级

---

① AR 学院. EasyAR 学习汇总. ［DB/OL］.（2019 – 01 – 29）. http://www.arvrschool.com/read – 676.

② CSDN. Vuforia 中文社区. ［DB/OL］.（2019 – 01 – 29）. http://vuforia.csdn.net/.

③ 亮风台官方网站. ［DB/OL］.（2019 – 01 – 29）. https://www.hiscene.com/.

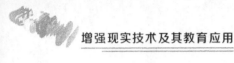

图 5-9　亮风台网站首页截图

AR 云服务，并国内首家发布 AR 智能眼镜 HiAR G100，实现端云的无缝连接，帮助实现技术、内容与商业场景的整合与循环，使 AR 更深入广泛地为行业、生活服务。

亮风台公司的主要产品有：AR 智能眼镜（HiAR G100）、为 AR 智能眼镜打造的实时通信软件（HiLeia）、AR 的软件开发包（HiAR SDK）和支持图像云识别接口（HiAR Cloud API）。其中 HiAR G100 在 2017 和 2018 年相继获得"设计界奥斯卡"德国红点奖、iF 设计奖，是至今为止唯一获得两项殊荣的 AR 眼镜。HiAR G100 采用简洁的一体化设计，铝镁合金的一体机身，可拆可调的头带组件，创新性的弹性夹持支架，使得佩戴舒适自然。可选近视镜片，支持个性化调节瞳距和近视度数。HiAR G100 采用光学透视（Optical See-Through）方案，延迟低，眩晕感弱。自由曲面光波导投影系统，兼顾舒适视角与轻便，1280×720 的高分辨率和 1000nit（尼特，$1nit = 1cd/m^2$）的亮度，呈现令人惊叹的亮丽画面。HiAR G100 配备 Qualcomm® 骁龙™ 820 处理器，搭载 4GB 双通道 DDR4 闪存，与前代机型相比，运算速度、图形处理速度和数据传输速率均成倍提升。同时，搭载的 Sony 1300 万高像素摄像头和 5P 蓝玻滤噪 82.2 度广角镜头，使 HiAR G100 的视觉能力远超人眼，摄像头模组可以从 5 米甚至更远的距离获取高画质图像，特有相位对焦功能，0.1 秒即可完成画面对焦。

HiLeia 是亮风台公司为 AR 智能眼镜打造的实时通信软件，它采用先进的音视频编解码技术和云计算技术，为客户带来如临现场的沟通体验。多组高性能服务器动态集群部署在全国各地，为用户提供实时的音视频通信和远程协作体验。HiLeia 集第一视角视音频交互、实时协作指导、文档及多媒体资料分享、多终端屏幕共享、多方通话管理等功能于一体，具有使用简单、

图 5 – 10　基于 AR 智能眼镜的实时通信

清晰稳定、安全可靠、多终端、跨平台等特点。HiLeia 硬件设备、系统版本及网络要求：HiAR G100 眼镜，或者 Android 智能手机及平板电脑；HiAR UI V1.0 及以上版本，或 Android 6.0 及以上版本；无线局域网和 4G 通信网络。HiLeia G100 客户端功能：最高可达 720p 画质视频传输，接收实时冻屏标注，接收图片传输标注，接收截图传输标注，接收共享屏幕，设置最高传输分辨率，设置自动登录，六方并发视频会议，企业组成员自动同步至联系人列表。Android 智能手机及平板电脑客户端功能：最高可达 720p 画质传输，实时冻屏标注，图片传输标注，设置最高传输分辨率，设置自动登录，对前端摄像头的缩放控制，对前端摄像头的对焦点控制，六方并发视频会议，企业组成员自动同步到列表。

HiAR SDK 为 AR 创意落地提供强大支持。HiAR SDK 支持跨平台跨终端，包括 Android、iOS、Windows 和 macOS 平台，可在手机、智能眼镜、无人机、机器人等设备上运行。HiAR SDK 可实现的功能包括：多目标识别跟踪，云端本地混合识别（可大大提高识别效率），动态目标加载（灵活添加识别目标，随时随地为用户呈上最新内容），支持 Unity 插件。

HiAR Cloud API 提供一个云端接口，方便快速接入云识别，可达到亿级图库秒级响应，精准识别准确率超过 96%，更具备抗遮挡、旋转、大角度透视等能力。同时，HiAR Cloud API 提供可视化管理后台与完备 Content API，可让识别内容管理更加简单、直观、高效。

2. AR 用户案例[①]

亮风台已服务于互联网、教育、工业、旅游、营销等众多领域，累积合

---

① 亮风台. 案例. ［DB/OL］. (2019 – 01 – 29). https://www.hiscene.com/case/.

作伙伴数百家，包括 BAT、华为、格力、上汽、美图等知名企业与机构，覆盖用户较广。

例如：在互动营销领域，亮风台的 AR 技术已经服务过腾讯、汽车之家、苏宁易购、OPPO、基美传媒等公司。亮风台与腾讯的合作主要是助力"QQ - AR 火炬"活动，覆盖 366 个城市，157 个国家，全球超过 1 亿人参与，成为史上最大规模在线火炬传递活动，将 AR 引入社交，开创了社交方式新势态。亮风台联合汽车之家构建 AR 虚拟选车系统，深入汽车线上营销与销售环节。用户可通过汽车之家 APP 实现 AR 看车，360°查看车内细节，体验虚拟驾驶，实现与汽车的实时互动。超越 4S 店的贴心服务让线上购车变得"触手可及"。亮风台连续助力苏宁易购在双十一与春节期间开展 AR 营销活动，通过抓萌狮、抢红包等互动形式，成功打通线上线下，打造年度爆款活动（图 5 - 11）。其中春节活动上线 5 天，参与用户即达到 530 万人，AR 抓捕超过 9650 万次。亮风台通过首创的 UGC AR（User - generated Content，用户生产内容，也称 UCC，User - created Content）技术，并与 OPPO 联合推出 O - Video 应用，支持用户自主创建个性化 AR 礼物，O - Video 巧妙地从用户定制与实景互动切入，带来虚实结合的体验。基美传媒是全国知名的地铁网络流媒体运营商，和亮风台联系推出 AR 地铁广告，AR 和户外广告的结合，开启了线下场景反向促进线上互动的潮流。

图 5 - 11　AR 虚拟选车系统

在智慧教育领域，中兴教育和亮风台合作开发 AR 实验，在无真实设备的情况下呈现实验过程及结果，将本不可见的实验效果可视化，增加直观度、降低成本和风险。目前，已在海南省当地学校进行了试点运行。

亮风台已先后和河北师范大学合作教学实验、地理沙盘等"智慧城市与教育公平项目"项目，在教学中立体直观呈现教学信息，并借助 AR 智能眼镜 HiAR Glasses、手机、电脑等终端，实现多人、多设备、多位置共享，增强了教学的趣味性、直观性、互动性。亮风台和淘米集团合作完成摩尔字母乐园，该乐园是针对 3~6 岁学龄前儿童的 AR 幼教产品，在学习和游戏中增加 AR 式互动，调动儿童手、眼、口，充分起到寓教于乐的作用（图 5-12）。

图 5-12　亮风台和淘米集团合作完成摩尔字母乐园

　　在智能制造领域，中联重科携手亮风台，应用 AR 技术、AR 终端实现 AR 化的设备维修、操作培训，降低工作人员学习成本，提高工作效率和安全性。亮风台为中海油提供 AR 工业安全解决方案，助力工业 4.0。AR 配合中海油工业作业场地，工人戴着 AR 设备，可以进行设备操作学习、设备巡检、远程维修等工作，同时降低在灭火、安全逃生等意外场景下的失误，提高安全性（图 5-13）。

图 5-13　基于 AR 的设备操作学习

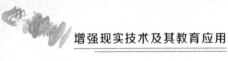

在智慧旅游领域，汇联皆景携手亮风台推出"幻镜旅游"产品，追溯文化本源，梦回唐朝，重现历史。加拿大不列颠哥伦比亚省旅游局应用亮风台产品将 AR 应用在旅游摄影展，借助 AR 的表现力，传播旅游信息。传统旅游宣传片、明信片传播能力较弱，在 AR 的辅助下不仅能增加信息表现力，还让更真实的自然人文景观随旅游周边物品传播（图 5－14）。

图 5－14　基于 AR 的旅游景点介绍

在传媒出版领域，亮风台服务用户包括上海东方传媒集团有限公司、文汇报、摄影之友、见读科技等。其中亮风台与上海东方传媒集团有限公司深度合作，在儿童图书出版、AR 电视广告、动漫影视等领域推出 AR 产品，推进传媒行业的 AR 化。传统媒体求变的当下，AR 带来了契机，老牌综合性日报《文汇报》使用亮风台 AR 技术让纸媒上的新闻"动起来"，带来报刊阅读新体验，也推动了纸媒的变革。2017 年《摄影之友》推出首本 AR 封面摄影杂志，借助 AR 技术延展摄影艺术的边界。见读科技使用亮风台 AR 技术，在传统纸质图书中叠加虚拟信息，让数字出版和传统出版不再对立，而是有了融合的契机，借助亮风台先进 AR 技术，升级出版业态（图 5－15）。

除此之外，亮风台还与美图、大疆、平安银行、辉瑞制药、91 助手展开合作。亮风台与美图成立实验室，致力于人工智能核心技术研发，其为亚洲人研发的人脸识别技术，识别 171 个脸部定位点，全面掌握脸部细节，在 0.2 秒内快速识别信息，准确分析用户属性，目前已强力支撑美图全系产品。大疆无人机遇上 AR，延伸除了更多超乎想象的炫酷玩法，还带来"上帝视角"的无人机 AR 游戏，全方位立体呈现基于现实的游戏场景。平安银行，

图 5-15 基于 AR 的纸媒动态新闻

AR + 银行也有诸多应用场景，如基于地理位置查找银行或者是 ATM、推广防伪理财知识、推行 AR 营销活动等。辉瑞制药，在未来几年，AR 将成为医疗领域的常见技术，应用于 AR 远程指导，手术辅助，病因检测、制药、器械制造，医疗知识普及等环节，目前，亮风台正和辉瑞制药进行 AR 医疗的应用实践。91 助手内置图标搜索功能，让手机应用"随拍随下载"，简化了手机应用获取信息、查找搜索的繁琐过程。图片识别与搜索的应用，将成为更加和谐美观的媒介连接方式（图 5-16）。

图 5-16 AR + 银行的应用场景

二、视辰科技与 Earyar SDK

视辰信息科技有限公司的主打产品为"视+AR"。视+AR 创立于 2012 年，是国内较为领先的 AR 开放平台，产品在中国市场占据较大份额（图 5－17）。

图 5－17　视+AR 网站首页截图

视+AR 主要为各类企业提供 AR 技术和服务，致力于推动 AR 创新应用。凭借 AR 技术优势和服务团队，视+AR 和支付宝、招商银行、汽车之家、小米、肯德基、联合利华等国内外众多知名企业保持长期合作关系，提供 AR 咨询、解决方案、服务等[①]。

视+AR 的开放平台包括 EasyAR 开放平台和视+AR 内容平台。解决方案包括移动应用 AR 集成方案、AR 定制化解决方案和 AR 流量平台投放方案。

1. 视+AR 的开放平台[②]

EasyAR 开放平台包括 WebAR、EasyAR SDK 和 EasyAR CRS 等三个具体的产品。WebAR 客户的 AR 应用无需安装 APP，以 H5 的方式实现快速的传播。WebAR 支持的平台包括 Android、iOS、Windows、Mac 系统，它主要是以 URL 的格式传播，符合微信等社交媒体信息流动的技术要求，配合恰当

---

① 视+AR.［DB/OL］.（2019－01－29）. http://www.sightp.com/.

② 视+AR. AR 开放平台［DB/OL］.（2019－01－29）. http://www.sightp.com/product/sdk.html.

的创意策划方案，可以形成爆炸式的病毒营销效果。WebAR 的特点：模式轻，无需安装 APP，通过浏览器直接开启 AR 功能；部署快，开发成本低；传播火爆，效果震撼，提升品牌曝光率；追踪效果好，数据统计，营销效果尽在掌握中。

WebAR 使用场景包括刺激消费和推广 APP。例如：通过线上线下相结合，线下发传单，用户扫描传单上的二维码，玩 AR 游戏，赢取优惠券，刺激用户到店消费；或者通过 WebAR 的方式，制作 AR 小游戏或其他新颖好玩的 AR 功能激起用户的分享，达到最终的下载目的。WebAR 属于付费使用，目前的收费方案是：扫描次数 1 万次/日峰值、2 万次/日峰值、5 万次/日峰值分别为 599 元、1200 元和 1500 元。

EasyAR SDK 是视辰科技推出的 AR（Augmented Reality，增强现实）引擎，EasyAR SDK 有两个子版本，EasyAR SDK Basic 和 EasyAR SDK Pro。EasyAR SDK Basic 可以免费商用。EasyAR SDK Pro 是在 2.0 中引入的全新版本的 SDK。除了拥有 EasyAR SDK Basic 所有功能之外，还有更多特性，包括 3D 物体跟踪、SLAM 和录屏，这个版本没有任何限制或水印，但需要付费使用。EasyAR 支持使用平面目标的 AR，支持 1000 个以上本地目标的流畅加载和识别，支持基于硬解码的视频（包括透明视频和流媒体）的播放，支持二维码识别，支持多目标同时跟踪。

EasyAR SDK 支持 SLAM（simultaneous localization and mapping，即时定位与地图构建技术），它通过传感器获取环境的有限信息，比如视觉信息、深度信息、自身的加速度和角速度等来确定自己的相对或者绝对位置，并完成对于地图的构建。可实现单目实时 6 自由度相机姿态跟踪，单帧初始化，快速重定位，运动模糊鲁棒，移动端优化，低纹理场景优化。EasyAR SDK 具有 3D 物体跟踪功能，能对日常生活中的常见有纹理 3D 物体进行实时识别与跟踪，这些物体可以是不同的形状或结构，它的优点包括：能够从标准 wavefront obj 模型文件动态生成跟踪目标；对 3D 物体的物理尺寸没有严格限制；加载多个 3D 物体之后可以识别和跟踪任意一个物体；同时识别与跟踪多个 3D 物体。

EasyAR SDK 还具有录屏功能，支持标准的 H.264/AAC/MP4 输出格式，设置多种标准分辨率，可调录制参数和录制模式，支持 Android/iOS 平台。EasyAR SDK 可以对平面图像进行实时识别与跟踪，无识别次数限制；支持多目标识别与跟踪，同时跟踪和识别二维码；可实现 1000 个本地目标识别和云识别支持。

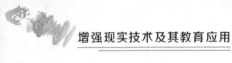

EasyAR SDK 的多语言简洁 API，可以帮助开发者以最舒适的方式简化 AR 开发，Android/iOS/Windows/Mac OS 可用，具有 C API、C ++ 11 API、traditional C ++ API、Java API for Android、Swift API for iOS、Objective – C API for iOS、Unity3D API 功能包可选。EasyAR 是跨平台的 AR SDK，支持以下操作系统：Windows 7 及以上版本（7/8/8.1/10）；Mac OS X；Android 4.0 及以上版本；iOS 7.0 及以上版本。CPU 架构有 Windows：x86，x86_64；Mac：x86，x86_64；Android：armv7a，arm64 – v8a；iOS：arm，arm64。

EasyAR CRS 是 EasyAR Cloud Recognition Service 的简称，也称 EasyAR 云识别服务，是 EasyAR 提供的基于云端的图像识别检索服务，包括图像目标云端检索功能和图像目标管理功能。EasyAR 的云识别服务支持识别本地化，云识别一次成功后，云识别图可以缓存到本地识别库，即使无网络也可对目标进行快速精准的重复识别。同时，具有超大容量云端图库，为提升性价比，当前识别图单库支持 100 000 张识别图，可根据用户需求进行扩充。EasyAR 的云识别快速精准，0.1 秒的超快速识别，瞬间响应，识别准确率高达 98%；后端操作可视化，提供可视化操作后台，使图库管理操作便捷且直观。还可进行识别图性能检测，对图片的可识别性及相似度进行检测，并给出检测详情（图 5 – 18）。

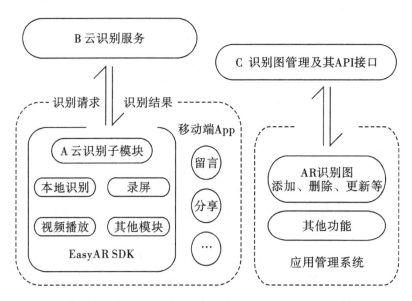

图 5 – 18　EasyAR CRS 的系统框图

视辰科技还为 AR 应用实现提供了内容平台，即"视 + AR 内容平台"，可通过视＋编辑器，放飞想象，自由创建 AR 内容。同时，视辰科技也接受委托，帮助客户来制作 AR 创意、内容，在视＋AR 的 APP 上呈现。视＋AR 内容平台包括 Web 编辑器、模版工具和名为 Suntool 的 Unity 插件①。

在视＋Web 编辑器中，可以直接通过鼠标拖、拽等方式，在浏览器中上传广告图、杂志封面、包装等各种图片作为识别图，编辑 AR 应用（图 5 - 19）。

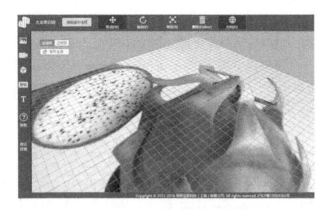

图 5 - 19　视＋编辑器的操作界面

视＋编辑器提供的模板工具，只需按照步骤一步一步上传素材，即可制作逼真的 AR 效果。目前视＋编辑器提供通用、商务展示、婚庆、游戏、广告、T 恤等类别，共 26 套模版（图 5 - 20）。

图 5 - 20　视＋编辑器的模板选择界面

---

① 视＋AR. AR 内容平台［DB/OL］.（2019 - 01 - 29）. http://www. sightp. com/product/lightapp. html.

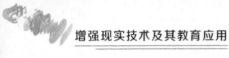

Suntool 的 Unity 插件，主要为视 + VIP 用户而设，通过 Suntool，用户可以在 Unity 中自由创建 AR 内容。

2. 视 + AR 的解决方案①

视 + AR 的解决方案包括移动应用集成方案、AR 定制化解决方案、AR 流量平台投放方案。

移动应用 AR 集成方案适用于用户已经开发了 APP，希望在现有的 APP 上集成 AR 功能，用户只需要花费最多两个小时接入 Easy AR SDK，即可拥有 AR 功能。一站式解决方案由 EasyAR SDK、Easy AR 云识别服务和 Easy AR 内容管理服务组成。用户接入 SDK 后，即可使用视 + 提供的内容管理服务来管理和编辑 AR 应用，也可根据视 + 平台标准自己创建 AR 内容管理平台或对接到已有的平台上。例如，视 + 与汽车之家通力协作，在汽车之家 APP 上嵌入 AR 功能，为用户打造了一套完整的 AR 看车系统。视 + 通过领先的建模技术，为汽车之家打造了数十辆逼真的 AR 汽车模型，用户可以在操作中观摩车辆、内饰、参数的众多细节，在汽车之家 APP 上得以"触手可及"的看车体验。"AR 网上车展"活动为期 5 天，累计总曝光 4.14 亿，累计参展人数达 1080 万，收到超过 11 761 条销售线索，相较同年 4 月上海车展 10 天累计观看人数的 101 万，"AR 网上车展"的观看人数是传统上海车展的 10 倍，充分说明"AR 网上车展"在用户参与度方面优势明显（图 5 - 21）。

图 5 - 21 视 + 助力汽车之家开发的"AR 网上车展"

---

① 视 + AR. AR 解决方案 [DB/OL]. (2019 - 01 - 29). http://www.sightp.com/solution/oneStopSolution.html.

视 + AR 携手百胜餐饮，融合增强现实技术与梦工厂知名 IP《魔法精灵》，为品牌方打造一套完整的 AR 营销方案。视 + 通过业内领先的技术手段首次引入了"AR 店铺"的概念，让用户通过品牌方 APP 中内置的 AR 扫描功能，在店铺内寻找"意外之喜"。活动期间，消费者在店内打开肯德基 APP 扫描肯德基产品（如全家桶）、门店橱窗海报召唤魔法精灵们并和这些可爱的精灵互动、留影。多种互动路径有效地提高了产品销售转化的几率，也更好的让品牌传情达意。

AR 定制化解决方案，是视辰科技针对个性化需求，提供 AR 创意策划、内容定制、APP 定制、大屏 AR 互动、AR 直播方案定制等服务。例如，视 + AR 为斯沃琪（Swatch）定制开发大屏互动解决方案，全新斯沃琪潜水系列的鲜明主题和其独特魅力便呼之欲出。无论是门口醒目的斯沃琪霓虹招牌，还是缤纷多彩的霓虹隧道，抑或是海底世界"增强现实"体验区里与人嬉戏玩耍的海洋生物，它们都身披鲜艳的荧光色彩，呼唤着城市中向往自由的人们一起潜入这个夏夜霓虹的海底派对。视 + 与中兴手机、人民日报三方联动，为中兴手机打造一个具有 AR 功能的照相机，定制千万覆盖量的 AR 营销方案。在该方案中，用户可以通过 APP 体验 AR 超能力。通过报纸、大屏广告等，用户使用内置照相机的 AR 功能扫描广告图，体验震撼的 AR 效果（图 5 – 22）。

图 5 – 22 视 + 助力斯沃琪开发的 AR 应用

AR 流量平台投放方案的应用场景是用户希望做一场 AR 营销，但是没有计划开发 APP。为此，视 + AR 根据用户的营销需求，打造 AR 创意，制作 AR 内容，提供灵活高效的 AR 解决方案，从创意制作到内容投放一站式

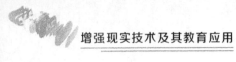

完成。

例如，视+AR与中国农业银行共同打造了中国首款"AR贺岁金钞"。作为农行的王牌贺岁产品，该金钞的发售引发收藏爱好者的集中抢购。视+通过专业的策划团队，将"大闹天宫"这一经典IP融合AR技术，使游戏、动画、模型等现代化交互元素在每一页内容上得以呈现。在长达半年的产品销售周期中，AR内容浏览量超千万，产品销售额同比增长近40%。2017年7月，视+AR、味全每日C和支付宝、花呗跨界合作推出支付宝AR扫瓶身活动。活动期间用户在任何一个便利店拿起一瓶味全每日C，打开支付宝AR扫一扫瓶身，就会有许多爱心气球出现，戳破气球以后会有张艺兴饰演的小赖对你说情话，互动最后落地到天猫超市的味全活动专区，用户能够享受到专属优惠购买产品，使整个互动体验形成闭环，从而提高了味全每日C在线上线下的销售转化。视+AR作为支付宝AR平台服务商，为味全提供了创意策划、内容制作、功能实现和AR内容在支付宝平台投放等服务。此次营销活动，味全、支付宝、花呗还在上海、北京等城市地铁站投放巨幅海报引导用户参与活动，吸引无数行人驻足使用支付宝"AR扫一扫"功能，体验神奇的味全每日C·AR瓶。

2017年《变形金刚5》上映期间，视+AR为南孚电池R策划了"支付宝AR扫一扫，一起召唤超萌大黄蜂"营销活动，活动采用视+AR流量平台投放方案，在拥有5亿用户的支付宝APP上投放，使得整个活动在传播层面拥有了广泛的覆盖。活动期间，用户使用支付宝AR扫一扫南孚电池logo、变形金刚海报即可召唤超萌大黄蜂和搜寻神秘能量，还可参与抽奖（图5-23）。

图5-23 视+南孚电池·AR召唤大黄蜂

3. 视 + AR 的成功案例①

视 + 科技已经为国内外上千家企业成功提供了 AR 解决方案，行业覆盖营销、金融、电商、零售、汽车、房产、家装、教育、传媒出版、工业制造业、游戏、直播等行业。

营销是 AR 应用最多的领域，其中的典型代表有：视 + AR 与支付宝合作，在 2017 年 5 月 20 日推出 "520 爱未来活动"，利用 AR 技术发布蚂蚁金服可持续发展报告。活动期间，用支付宝 AR 扫描蚂蚁金服和阿里巴巴及旗下品牌 logo，和合作伙伴包括联合国环境署、壹基金、优酷、大麦等，引导用户进入 AR 的世界（图 5 - 24）。

图 5 - 24　AR 蚂蚁金服可持续发展报告

《权力的游戏》第七季，维斯特洛硝烟再起，随着结局时刻的临近，君临城铁王座的终极归属也即将揭晓。为满足广大剧迷的追剧热情，HBO 独家授权时光网设计、策划主办的《权力的游戏》主题活动在上海港汇恒隆广场和北京颐堤港冬季花园举办。如临其境的场景满足了广大剧迷的所有渴望。活动期间，视 + AR 应邀为时光网制作的大型 AR 互动体验 "火龙喷火" 吸引了众多观众参与，逼真的特效，完善的互动机制充分调动了观众的参与热情。观众在现场与喷火龙互动的过程自动合成生成短视频，通过扫描专属的二维码便能将合成的特效视频分享到微信朋友圈，成为朋友圈的焦点！

工业制造业，视 + AR 为卧龙电气集团定制了功能多样的 AR 展示方案，

① 视 + AR. AR 成功案例 ［DB/OL］. （2019 - 01 - 29）. http://www.sightp.com/case/.

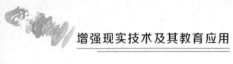

通过多样化的交互操作，用户可以直观地感受大型工业产品的内部结构、运作模式、合成部件等各项信息。用八面玲珑的方式展现工业产品，视＋AR首创的工业展示方案大大降低了品牌方对于产品的展示成本。视＋AR帮助宁波电力设计院制作电能表装表接线的 AR 展示内容。

房产家装，全球著名卫浴橱柜品牌科勒借助视＋领先的 AR 技术展示旗下产品，让消费者购买产品前就能在家观看卫浴产品摆在自家的效果。世界级暖通集团喜德瑞借助视＋AR 的技术提升线下门店展示效果和销售业绩。此外喜德瑞还借助 AR 展示了暖通系统的工作流程。如何打破产商和消费者之间信息不对称的窘境？视＋AR 为亚洲规模最大的房地产集团之一的凯德集团独家提供了整套完善的 AR 解决方案。通过精致的楼盘模型和细分化的交互操作用户可以 360°的观察楼盘结构及室内装饰。视＋通过量身定制的解决方案，为用户与品牌方构筑彼此信赖的桥梁。

游戏，AR 技术让每一款游戏的可玩性大大提升。以独特画风和优秀游戏性风靡全球的解谜类游戏《纪念碑谷》在不断满足玩家需求的同时，始终不放弃对于游戏内容的优化。在最新版本的《纪念碑谷》中，EasyAR 为开发商 Ustwo 提供了底层 AR 技术的支持，通过 EasyAR 的 AR 扫描和内容呈现功能，让童话般的游戏场景更为真实地浮现在每一位玩家眼前。视＋为触控科技提供 AR 游戏大屏互动解决方案。在巨大的屏幕面前，游戏画面的每一个细微缺陷都会被无限放大；在顶级音响设备的放送下，每一个背景音乐和声效的瑕疵变得分外刺耳；在传感和交互设备面前，游戏玩法的不足也将被更明晰的感受到。但这一切对于《捕鱼达人 3》来说，根本不是问题，反而在 AR 技术的衬托下，其优越的品质展现更加明晰。2014Chinajoy 期间，完美世界邀请视＋AR 为其现场展示策划制作全新的现场互动方案，以提升品牌在众多游戏品牌云集的 Chinajoy 现场的曝光，视＋为其打造了一套现场大屏互动换装方案。在现场，该活动引爆全场，完美世界展台集聚了大量观众参与互动活动。

在教育行业，视＋科技和上海体育学院合作探索 AR 在教育中的应用，一套运动损伤 AR 眼镜解决方案在双方共同研究下被制定出来并成功应用。同时，视＋科技还以定制化解决方案的方式开发了"AR 神奇小百科"（图5－25）。

图 5 – 25 AR 神奇小百科

三、AR School 的教育产品①

除了上述亮风台和视辰科技的 AR SDK 和产品，还有一些公司虽然没有推出 SDK，但是他们利用其他公司的 SDK，精准把握客户需求，也推出了广受欢迎的 AR 产品。AR School 由大连新锐天地传媒有限公司开发，该公司是专注于增强现实技术和新媒体教育产品专业研发公司。公司通过国家级动漫企业资质认定，同时还是中国玩具和婴童用品协会会员，与多所高校保持良好的研发合作关系。公司拥有产品策划、程序开发、2D 设计、三维制作、影视广告等业内一线人才百余人，拥有多项专利及自主知识产权，具备较强的产品研发和自主创新能力。

AR School 由神奇语言卡、AR 涂涂乐、AR 涂涂秀、AR 博士的魔法书、万迪讲故事、AR 小百科、AR 拼拼乐等产品组成。其中神奇语言卡、AR 涂涂乐、AR 涂涂秀和 AR 拼拼乐针对低幼儿童市场，AR 博士的魔法书、万迪讲故事、AR 小百科针对大龄儿童市场。

1. 低幼儿童 AR 产品

（1）神奇语言卡

神奇语言卡是一种 AR 互动早教认知卡，它具有"多感体验 + 虚实结合 + 内容丰富 + 多语言发声"的特征，可在游戏中实现认物体、识汉字、学外语。该卡发行了 I 、II 两个版本（图 5 – 26、5 – 27）。

神奇语言卡 I 应用了成熟的 AR 技术，集纸质读物、卡通形象、3D 动

---

① AR School 官方网站．［DB/OL］．（2019 – 01 – 29）．http：//www. armagicschool. com/.

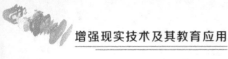

图 5 – 26　AR School 的神奇语言卡 I

画、单词发音、互动游戏等多项特点于一体。它的安装和使用方法非常简单：用智能手机扫描二维码下载程序——根据提示安装程序——打开程序，将摄像头对准卡片——用手触碰进行互动。

神奇语言卡 I 具有：①多感体验的特征，跳出平面，卡片"活"起来，有动作、有声音、能互动，全方位多途径的信息传达，帮助提升学习效果。原创手绘，精美卡通图案符合儿童审美趣味；趣味互动，调动孩子主动学习的积极性；中、美、日、韩、法、德、俄、西班牙等多国语言标准发音，为孩子语言启蒙打下良好基础。②虚实结合，立体图像跃然手上，虚拟与现实无缝交融，用新鲜的前沿科技打造手心里的 3D 世界。③移动终端支持，扫描二维码安装即用，无需借助附加设备，在手机或平板电脑上即可轻松呈现影像魔法，随时随地可用。④内容丰富，99 张卡片，99 组动画，涵盖人物称谓、动植物、食品、日常对话等儿童生活多个方面。⑤人性设计，遵循"以儿童为中心"的设计理念，卡片尺寸、形状及材质符合儿童健康及生理特性；超越普通卡片的厚度、手感舒适，耐用不易损；环保卡纸，安全油墨印刷，保护孩子健康；圆角设计，避免孩子稚嫩双手被划伤；15 分钟视力保护提醒，贴心呵护孩子眼睛。⑥技术升级，超越传统的 AR 产品，采用自然特征的标定技术，即使遮挡图案表面 50%，或者图案超出摄像头范围，三维形象仍不会消失。

神奇语言卡 II 包括 93 张卡片，123 组动画，涵盖人物称谓、动物、职业、自然常识、日常对话等儿童生活多个方面。除此之外，新增双卡互动功

图 5 - 27　AR School 的神奇语言卡 Ⅱ

能，一卡多动画功能，"开心找单词"游戏等。"双卡互动"是指在所有卡片里面，隐藏着 3 张特殊的角色卡，找到和角色卡带有相同标记的卡片，就能让角色变化，产生新的动画和句子，培养孩子的观察力和创造力。"开心找单词"，指在手机操作界面点击"游戏"按钮，即可切换到"开心找单词"游戏模式。在该模式中可以听单词找卡片，和小伙伴们一起比赛，看看谁找到的单词多，谁的分数高。"一卡多动画"指单张卡片可以包含多个单词，多组动画。

（2）AR 涂涂乐

AR 涂涂乐是一种将涂色和 AR 技术结合在一起，实现立体互动的创意美术教育产品。该产品适用于 3 岁以上儿童，可将儿童涂鸦变动画，启发孩子艺术天赋。通过将孩子的绘画作品变成跃然纸上的 3D 动画，有声有色能互动，"视·听·说·触·想"多感体验，触发孩子艺术灵感。绘画主题包括"有趣的动物""奇妙的农场""多样的交通工具"和"多彩的生活"等。

AR 涂涂乐把孩子的作品变成绘声绘色的立体动画，还可以用手指触动、拉近画面，跟鲜活的卡通形象进行全方位的互动。同时，AR 涂涂乐能画又能学，中英双语标准发音，在绘画过程中建立起识字、认读的兴趣（图 5 -28）。

AR 涂涂乐不仅能让儿童感受到色彩世界的奇妙与丰富，还能充分锻炼儿童涂、画的技能，对儿童审美能力的培养及右脑形象发育都有积极的促进作用。儿童涂色的过程也是锻炼手眼协调性的过程。AR 涂涂乐可以帮助儿童锻炼手指的精细肌肉，练习控笔，强化肌肉记忆。使用 AR 涂涂乐自带的

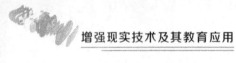

图 5 - 28　AR School 的 AR 涂涂乐

APP，儿童可以在手机、平板电脑上看到自己涂鸦的画作变成了绘色绘声的动画，静态的涂鸦作品跃然纸上。

新版的 AR 涂涂乐增添了汉字描红和童谣朗读功能。汉字描红指主题词汇描红，引导规范书写，帮助孩子练就一手漂亮工整的字体。童谣朗诵朗朗上口的原创童谣，内容包括谜语、常识和生活习惯。通过搭配的原声朗读，听一听、读一读，帮助孩子锻炼语言能力，并教导孩子养成良好生活习惯（图 5 - 29）。

图 5 - 29　AR School 的 AR 涂涂乐Ⅱ

（3）AR 拼拼乐等产品

AR 拼拼乐是针对低幼儿童的益智玩教具系列产品，主要培养低幼儿童动手能力、启发创造思维。该产品用新兴的 AR 科技去重新演绎传统的九宫格六面画拼图积木，为经典益智玩具赋予新的内涵。"积木活起来"在 AR School 才能体验的神奇魔力！（图 5 - 30）

图 5 - 30　AR School 的 AR 拼拼乐

积木正方体的每一面都印有精美的图案，启迪宝宝对于颜色的认知。六幅不同的原创插画手绘图，精心打造的主题梦幻场景，激发儿童的想象力。拼图成功，画面变 3D，花园里的动植物动起来。AR 拼拼乐还带有智能纠错功能，通过智能手机或平板电脑安装 AR 拼拼乐 APP 后，APP 可智能识别画面对错，并伴有提示功能来辅助宝宝完成拼图，为宝宝预留独立思考空间。

像 AR 拼拼乐这样，用新兴的 AR 科技去重新演绎传统玩具的产品还有 AR 折折乐（儿童折纸）、炫彩沙画（儿童沙画）、魔力雪花泥（橡皮泥）等。

2. 大龄儿童 AR 产品

（1）AR 博士的魔法书系列

该系列目前包括"看恐龙"和"看海洋"两类产品。以"看恐龙"为例，它是 AR 互动科普绘本，集合卡通故事绘本、知识卡牌、3D 动画、语音讲解、互动游戏等多项特点于一体，是可以带来较好阅读体验的产品。"看恐龙"全套共三辑，每一辑内含 4 张恐龙卡 + 4 张知识卡 + 1 张挖掘卡 + 1 张场景卡，全套共 30 张恐龙卡。"看恐龙"科普绘本结合全新科技与科普教育，实现"趣味科普知识 + 精彩恐龙对战 + 互动益智游戏 + 奇幻 3D 场景"，带领儿童走进神奇恐龙世界！（图 5 - 31）

"看恐龙"科普绘本所有知识点由自然博物馆专家权威审核，音乐及音效均为专业音乐机构原创制作，特邀国家级配音员担纲角色配音及旁白讲

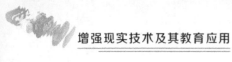

图5-31　AR博士的魔法书

解。精美恐龙卡牌，正面是可爱的卡通恐龙，背面是恐龙小档案。用手机/iPad一扫，卡片立刻变身3D小恐龙，可以360°拖动旋转，点击还可以互动。如果找出卡片上的特别标记，还可以进行双卡互动。

知识卡的正面是恐龙图，背面是科普知识，从恐龙举一反三，拓宽知识面，配合AR动画展示，有讲解，有互动，强化记忆，将知识变得更加直观易懂。

场景卡是恐龙时代全景复原图，神秘丛林、阳光海滩、世界末日三大场景，不同的地点，不同的恐龙，让读者身临其境感受恐龙时代的壮观。挖掘卡模拟读者是一名小小考古学家，通过使用不同的工具，挖出掩埋在地底下的恐龙化石，组装正确，复活恐龙。

在"看恐龙"APP中，读者还可以通过界面按钮及手势提示，对3D恐龙的大小、字幕显示、音效、语音提示等进行自主调节，创造最适合自己的阅读方式。还可以点击"拍照"按钮，拍下神奇瞬间，上传到社交平台，和其他读者一起分享。通过自行设置连续使用15或30分钟，可自动开启视力保护功能，让孩子的眼睛得到休息。

（2）万迪讲故事系列

万迪讲故事系列拟将中国古代四大名著制作成AR古典名著绘本，目前《西游记》已经开发完成推向市场，《三国演义》《水浒传》《红楼梦》的AR绘本还在开发过程中。《西游记》AR绘本内含3册图书＋15张卡牌＋8张涂色卡。读者只需关注微信"AR_school"，在【用户服务】之【应用下载】中下载程序并安装好。然后打开程序，选择与图书/卡牌对应的序号，将取景框对准书中标有"AR"的页面，或任一张卡牌，书中内容作为动画呈现在手机屏幕中，读者可根据提示用手触碰进行互动。

《西游记》AR 绘本故事集"图书 + 精美卡牌 + 互动游戏"为一体，将原著故事择精浓缩，更符合儿童阅读习惯的语言风格，幽默易懂。每本书都有大量的 AR 动画，再现原著情节，读者还能与动画中人物互动；每本书中精心设置数个小游戏，与孙悟空并肩战斗锻炼小读者手脑并用的能力；通过所有游戏并且集齐宝石，方能开启大场景，探寻其中隐藏的秘密（图 5 - 32）。

图 5 - 32　万迪讲故事之《西游记》

（3）AR 小百科

AR 小百科是专为大龄儿童创作的 AR 互动百科知识卡，具备完整知识体系与丰富互动体验，目前包括"热带雨林"和"交通工具"两个产品。以"热带雨林"为例，它运用成熟 AR 技术系统的精美手绘卡片，呈现出昆虫、植物、鸟类及其他多达百万种的生物，将小朋友带入一个神话般的热带雨林世界。"热带雨林"双面全彩认知卡正面是精美手绘卡通图案，背面是动植物科普小档案。手机扫描卡片后，卡片变身 3D，通过游戏级别的 3D 模型，还原最真实的动植物生态风貌，让读者宛如身临其境。

AR 小百科还将文字、语音、图片、动画融为一体，视觉引导、文字描述、语音讲解、360 度模型演示，将"热带雨林"知识进行多元化传达，让读者轻松快乐学知识。双面图案的 AR 游戏地图拼图，让孩子动动手动动脑，层层递进的神秘空间，在游戏中探索新知。同时，AR 游戏地图拼图上的每一个动物都可以变活，所有动物找齐之后，就能进入逼真的 3D 雨林世界。

连续使用 15 或 30 分钟后，还可开启视力保护功能（图 5 – 33）。

图 5 – 33　AR 小百科之《热带雨林》

四、其他公司的 AR 产品

除了 AR School 的 AR 教育产品，还有一些公司推出的产品也颇有特色，这里做一个简要介绍。

1. 小熊尼奥的 AR 产品①

小熊尼奥在 2012 年诞生于上海，是一个创意科技儿童品牌，专注于 2 ～ 10 岁学龄前和学龄期儿童的互动智能产品的开发与销售。小熊尼奥利用 AR 技术创造出寓教于乐的启智类玩具，通过智能终端（手机、平板电脑、智能硬件等）调动眼、耳、口、手、脑等感官系统，提高孩子的学习兴趣。

小熊尼奥的 AR 产品线丰富，现已推出：AR 梦境公主系列、AR 积木拼图小马宝莉、AR 神奇拼图变形金刚系列、AR 学汉字、口袋动物园系列、神奇立体识字卡片、神笔立体画系列、AR 地球仪、AR 早教卡等产品。小熊尼奥比较重视品牌的树立，推出了基于小熊尼奥的衍生动画片。同时小熊尼奥注重与迪士尼、孩之宝等厂商达成合作，获得经典动画角色的授权，进而 AR 展示（图 5 – 34）。

---

① 小熊尼奥官方网站．［DB/OL］．(2018 – 09 – 29)．http://www. neobear. com/.

图 5 - 34　小熊尼奥的"口袋动物园"识字卡片

2. 马顿科技的 AR 行空笔[①]

随着 AR 技术的受关注程度提升，近年来教育市场上相继涌现出了一批 AR 幼教产品。但是，总体而言，这些幼教产品以 AR 卡牌为主。AR 卡牌好处是使用方法简单，用户下载应用后将镜头对准卡牌，即可在移动设备上查看对应的动画。用户同时可以用手调整动画的大小，或者拖动动画进行更多的互动；缺点是 AR 卡牌开发技术成熟，门槛相对较低，市场竞争激烈。换句话说，市场上各家产品的表现形式类似，基于该种交互形式的内容差别也不大，因此产品同质化严重。

马顿科技推出的产品对原有 AR 教育应用做了较大改变，跳出卡牌的"扫一扫"思路，推出了可以在三维空间直接绘制 3D 模型的"行空笔"。配套的 APP 可以实时追踪记录行空笔的移动轨迹，创作过程将通过手机或平板电脑显示出来。用户自主创作的 3D 模型可以在各大模型库中上传和分享，还可以连接 3D 打印机直接获得实物（图 5 - 35）。

---

① 希大. 为 AR 教育产品提供新的交互方式，马顿科技推出可"凌空"建模的行空笔［DB/OL］.（2018 - 09 - 29）. http://36kr. com/p/5100604. html.

图 5-35 马顿科技的 AR 行空笔

　　马顿科技的行空笔主要技术难点在于如何精确的进行空间识别和定位，以及对创作的模型实时渲染和模型中间创作过程进行追踪。这部分是在 OpenGL 基础上进行的二次开发，在一些细节功能探索上，市面尚没有现成方案，属于马顿科技的核心技术。相比于 AR 卡牌，行空笔提供了一种新的交互方式，最直接的好处就是用户的创作不再受限。为了提升用户的黏性，马顿科技还组建了专门的内容团队，开发了配套行空笔应用的内容资源。目前这部分资源主要有两部分：一是讲授基础的模型和 3D 知识；另一部分是培养设计思维，将想法变成具象化的东西。

第六章　增强现实应用的自主项目开发

第一节　教学模式与开发团队

一、中高职衔接的数字媒体应用技术专业学生培养

本书中增强现实教育应用开发主要由广东省外语艺术职业学院信息学院的师生创业团队组成。该团队主要来源于数字媒体应用技术专业的教师和学生，该专业学生有一个特点，即"中高职三二分段衔接"招生的学生，他们全部来自于中职毕业生，在中职学习三年，高职学习两年。"三二分段衔接"是中高职衔接最直接、有效的实现途径，但在实践中仍普遍存在着"学制、招生考试等形式上衔接容易，内涵式、实质性衔接难"的现象。主要表现在：①人才定位上，二者尚未衔接，缺乏统一的专业标准。中职学校一直在就业导向与升学导向间徘徊，高职学院亦在技能训练导向与学科导向之间纠结。②课程体系上，二者尚未衔接，缺乏统一的课程标准。中高职学校之间课程重复率高，文化课脱节，专业课重复。③技能训练上，相当程度存在着中高职技能训练"倒挂"现象，部分中职学校在实训设备、"双师型"教师方面远超高职院校，高职院校无法为中职学生提供更高技能上升通道。

因此，针对"为什么中高职'三二分段'难以实质性衔接、如何解决"的问题，数字媒体应用技术专业联合广东理工职业学院等高职学校、广州电子信息学校和顺德中等专业学校等中职学校，以及广州秋田信息技术等行业企业，应用基于设计和质性分析方法，从专业定位、课程、师资、实践教学体系改革等方面研究中高职衔接过程中遇到的典型问题，提出"协同创新、内涵衔接的'三二分段'一体化人才培养模式"的解决方案。

该模式的主要内容是：

（1）建立统一的专业教学标准保证中高职间培养目标定位、专业技术定

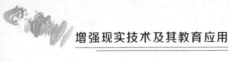

位和课程体系的衔接，明晰中高职学生的职业能力发展路径、职业生涯发展路径；

（2）协同建立符合职业能力成长规律和学生认知规律的中高职核心课程标准，保证课程教学内容衔接；

（3）建立中高职教师间定期交流、培训与互换机制，以及共享型专业教学资源库，保证教学上中高职有效衔接，教学标准与课程标准得到有效落实；

（4）根据中职学生的特点，在高职建立"多维一体"实践教学体系，以多维的实践教学形式、主体和平台训练学生，让中职学生升学高职后技能得到有效提升。

其中教学标准和课程标准为了实现"三二分段"培养逻辑上的衔接，师资交流互换、资源库和实践教学体系是为了实现"三二分段"培养实践上的衔接（图6-1）。

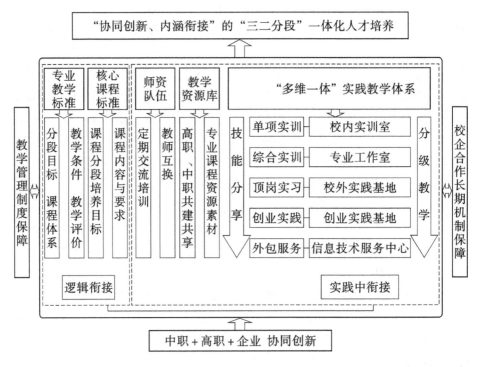

图6-1 "协同创新、内涵衔接"的"三二分段"一体化人才培养模式

二、建立"多维一体"实践教学体系提升学生技能

增强现实教育应用开发主要来源于中高职衔接的学生。我们一方面通过"三二分段"一体化人才培养模式保证学生培养质量,另一方面,建立"多维一体"实践教学体系提升学生技能。科学的实践教学体系是指围绕人才培养目标,运用系统科学的理论与方法,对组成实践教学的各个要素进行整体设计,通过合理的实践课程和环节设置,建立与理论教学体系相辅相成、结构和功能最优化的教学体系。

为了完善实践教学体系,有效促进实践教学质量的提升,我们遵循"针对性、系统性、实用性、一体化、关键能力与专业技能相结合"的原则,构建了"多维一体"实践教学体系。在实践教学内容与形式方面,以真实产品、典型任务等项目为主线,单项实训、综合实训、顶岗实习、创业实践、外包服务等多种实践教学形式先易后难、分层推进;在实践教学主体方面,学校、企业、教师、学生等协同育人;在实践教学平台方面,专业实训室、师生工作室、校外实践教学基地、大学生创业实践基地、信息技术服务中心等相辅相成。实践教学的内容、形式、主体与平台有机融合,"多维"共同指向提高实践教学质量。如图6-2所示。

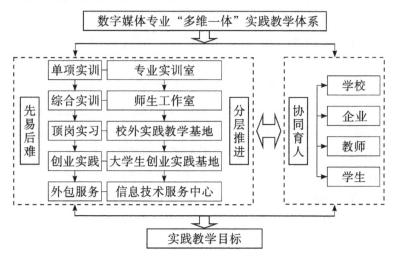

1. 规范实践教学管理，创造协同育人环境

为了保障实践教学的质量和效果，我们成立了项目教学中心。中心结合中职毕业生的实际情况和特点，为健全多层次实践教学管理体制，建立由专业带头人、项目教学中心主任、实践指导教师等组成的实践教学管理团队，对实践教学进行统筹指导与管理；调动多方参与实践教学的积极性，吸纳相关企业参与系部事务治理，实现了校企合作共治机制；建立了多样化的校企合作信息沟通制度和平台，完善信息沟通机制；充分考虑校、企、师、生多元主体的利益诉求，建立责任分担、利益分享机制，创造了良好的协同育人环境。

项目教学中心制定完善了《项目教学中心管理办法（试行）》《信息技术服务中心管理章程》《信息技术服务中心指导教师工作职责》《创业团队管理条例》《大学生创业项目评审管理办法》《自主创业评奖评优办法》等系列文件，通过完善的实践教学制度，规范实践教学管理，保障实践教学质量。

2. 引进真实项目，优化实训教学模式

为了有效地提高单项专业实训课程的教学质量，增强学生的实践技能，提升未来学生的就业竞争力以及拓展学生的视野，我们不仅加强了专业实训室建设，也对实训课程教学进行了一些必要的改革和有益的探索。其中一项重要的举措就是邀请企业教师进课堂，采取真实项目进行训练。具体做法是：与进驻项目教学中心的广州秋田信息技术有限公司等多个校企合作单位积极沟通，多门课程邀请公司专业技术人员一起参与实训项目和任务的设计，或直接让学生参与到真实项目中去，有效地提升了实训的效果。

我们提供办公场地和基础设施，秋田公司提供专业开发设备和软件。项目教学中心指派专任教师组织团队承接秋田公司提供的真实的增强现实开发项目和工作任务。由于此类项目和任务强调项目的现场性、知识的综合性和学生全面能力的培养，其实训形式、内容与单项实训课程有较大的差异，所以我们与企业教师研究并构建了适应综合实训方式的具体的培养方案，重点突出培养人才综合素质的目标。

3. 加强校外实践基地建设，提升顶岗实习效果

为推动高等职业教育的教学改革和建设，改革人才培养模式，加强实践教学环节，提升学生的创新精神、实践能力、社会责任感和就业能力，培养适应社会需要的合格应用型人才，我们与秋田公司等多家企业，本着"双向

互动，密切合作，互助互惠"的原则，为了实现校企良性互动的长效合作机制，达到培养市场所需人才、增强学生实践能力、探索产教结合教育模式的三大目标，双方达成共识，联合开展产学研项目研究、建设校外实践教学基地，为学生提供完善的校外实践学习环境。

校外实践教学基地主要承担学校见习生和顶岗实习生的实践教学指导和管理任务。见习安排主要面向大一至大二的在校学生，按照公司对人才的实际需求建立实践教学环境，有计划、有步骤对学生进行工作任务的安排和指导，结合工作需要和学生专业能力、兴趣爱好组织实践项目。顶岗实习安排主要面向大三毕业生，公司为学生创造多个顶岗实习岗位，并由专业的部门负责人带教指导。

4. 注重"孵化"成效，培育创业实践团队

为了培养学生的创新意识和创业能力，完善实践教学体系，于 2012 年 11 月创办了大学生创业基地。根据学校《数字媒体应用技术专业创业团队管理条例》的规定，团队负责人必须为数字媒体应用技术专业学生（含毕业一年内），其成员原则上必须为在校学生，创业团队均安排了相关专业指导教师。入驻的创业团队主要以科技服务性行业为主，支持具有专业性特点的、与本专业相结合的团队，支持物流、网络、电子商务等行业类型。

5. 提高外包服务质量，打造信息技术服务窗口

信息技术服务中心是实践教学体系中的一个重要组成部分，其职能既是学生专业与创业实践基地，也是对外进行技术服务的窗口。

服务中心主营增强现实/虚拟现实应用开发、摄影摄像与动画制作、网站建设与维护等与数媒专业职业能力相关的服务项目，兼营 IT 与手机数码配件销售、格子店租赁代售等项目。服务对象为学校的部门机构、教职员工、社团及学生，同时也面向社会其他人士。在管理方式上，实行完全的学生自主经营的准企业化管理模式，学生全权负责中心的日常管理工作，指导教师由专业指派，代表专业对中心的经营管理进行必要的监督和指导。

服务中心不仅给学生提供了一个将课堂知识转化成职业能力的好舞台，也同时为进行相关课程的项目化教学改革提供了良好的条件。

三、依托"导师学长制"工作室，创新人才培养

"导师学长制"工作室是指将"导师制""学长制"与工作室结合起来，

以工作室为载体，将课程教学与生产实践融为一体，将传统的封闭式课堂教学转变为面对真实情境的开放式教学。由学校提供教学场地和学习环境，企业提供真实项目与技术支持，教师给予学生必要的管理与指导，以保证学生在完成真实项目的过程中不断积累经验，最终实现培养创新创业人才的目标。学校、企业、教师和学生四方联动，依托工作室平台，开展教学科研、真实项目运营、创新创业教育和竞赛团队培育等工作，形成基于校企合作的"导师学长制"工作室人才培养机制，促进创新创业人才的培育（图6-3）。

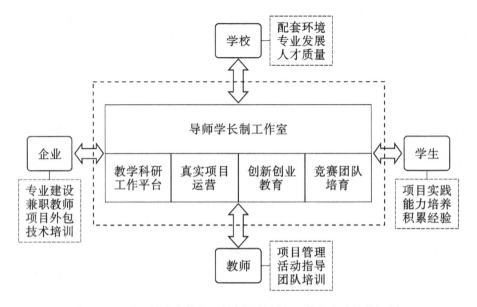

图6-3　基于校企合作的"导师学长制"工作室人才培养机制

基于校企合作的"导师学长制"工作室对于中高职衔接的一体化人才培养具有重要意义，也是学校针对生源情况做出的深思熟虑的选择。本专业自2010年起就参加了广东省高等职业院校自主招生试点工作，面向全省中职学校招生。2012年，学校又与中职学校联合，共同开展中高职衔接一体化程度更高的"三二分段"试点工作。目前，本专业所有的学生都来自中职学校，他们在中职已经接受了较为严格的专业技能训练，因此，在高职通过专业的工作室，能够有效提升他们完成企业真实项目的能力。

同时，通过导师、学长的带动引领，也增强了学生的凝聚力和向心力，对于来自中职的学生形成的良好学习习惯和工作态度也有很大帮助。

四、增强现实应用开发工作室项目列表与获得荣誉

增强现实应用开发工作室在校内教师带领下，采取自主研发或者接受项目委托的方式开发增强现实相关应用。近年来，开发的项目如表6-1所示。

表6-1　增强现实相关项目基本情况表

序号	项目名称	合作企业	项目来源	参与项目学生	学生参与内容
1	AR大百科	广州秋田信息科技有限公司	自主研发	赵能伟、张杰麟、吕嘉明、梁杰、黄佳丽、麦家俊、孙伟明、吴文豪、黄宇迅、郭浩立、杨春娇、吴燕芬、冯泽雄、冯明进、冯莉妍、闫雪晴、袁浚翔、谢桂丽	编程、三维设计、UI设计、音乐音效、软件测试
2	Table + 多功能智能早教桌 + AR游戏	广州创森软件科技有限公司	广州企鹅科教软件有限公司	赵能伟、张杰麟、吕嘉明、梁杰	外观设计、内容策划、编程、三维设计、UI设计、音乐音效、软件测试
3	创森未来儿童探索中心	广州创森软件科技有限公司	中山他条科技有限公司	赵能伟、张杰麟、吕嘉明、梁杰、刘家乐、张铭峰、吴文豪	内容策划、交互设计、美术设计、音乐音效、软件测试、投影融合调试与测试

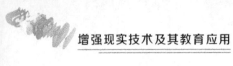

续表

序号	项目名称	合作企业	项目来源	参与项目学生	学生参与内容
4	MONMON	广州秋田信息科技有限公司	自主研发	赵能伟、张杰麟、吕嘉明、杜俊权、梁杰	编程、三维设计、UI设计、音乐音效、软件测试
5	宇宙英雄AR格斗游戏	广州秋田信息科技有限公司	兰州予悦动漫投资有限公司	赵能伟、张杰麟、吕嘉明、杜俊权、梁杰	编程、三维设计、UI设计、音乐音效、软件测试
6	纳份爱收纳柜AR展示系统	广州秋田信息科技有限公司	深圳市纳份爱电子商务有限公司	赵能伟、张杰麟、吕嘉明、杜俊权、梁杰	编程、三维设计、UI设计、音乐音效、软件测试
7	柳州兴佳房地产开发有限公司－数字楼盘全息投影	广州秋田信息科技有限公司	柳州市兴佳房地产开发有限责任公司	赵能伟、张杰麟、吕嘉明、梁杰、黄素銮、黄彪雄、吕超、张彬	环境设计、室内设计、三维设计、编程、UI设计、音乐音效、软件测试

　　这些项目在投入商业运营的同时，也取得较好的社会效益，例如入选广东省高职教育大学生创新创业训练计划项目、大学生创新创业大赛获奖、取得计算机软件著作权等荣誉。

第二节 自主开发 AR 产品介绍

一、"AR 大百科"增强现实教育应用

1. 产品概述

"AR 大百科"是一款基于 AR 技术、3D 技术、图像技术研发的儿童科普教学软件，主要应用于移动客户端上。项目分为天文、地理、涂色三个板块。用户通过摄像头扫描识别图，呈现 3D 动画，点击屏幕进行互动，利用 AR 技术提升用户视觉、听觉等多方面的体验，实现寓教于乐的目的。全套三大板块精选儿童喜闻乐见的动物、交通工具以及地球等形象，并且每个都配有专业的注释音效，引导孩子们养成良好习惯，内容丰富有趣。

"AR 大百科"产品包括：移动客户端、卡牌产品、产品二维码。软件前端使用 Unity3D 引擎开发的安卓端和苹果端。后台数据库为 sql server 2008 r2。

项目实施过程主要分三个阶段：第一阶段是需求细化、系统框架搭建、UI 界面设计；第二阶段是 3D 模型设计、业务逻辑实现、前后台数据绑定对接；第三阶段是系统内测、系统 BUG 修复、系统上线。

移动客户端主要功能：

（1）通过点击界面按钮，进入不同的科普教学板块。

（2）通过摄像头扫描识别图，呈现 3D 动画，触发语音教学，并可通过点击屏幕进行交互演示。用户可通过摄像按钮将该画面记录下来。

（3）通过联网下载观看科普教学视频。

用户可给对应系列卡牌涂上颜色后，通过摄像头扫描卡牌，呈现 3D 动画，并进行语音、动作交互演示。

"AR 大百科"主要依托增强现实技术，将真实世界信息和虚拟世界信息"无缝"集成到一起，具有实时交互性。在三维尺度空间中增添定位虚拟物体把原本在现实世界的一定时间空间范围内很难体验到的实体信息（视觉信息、声音、味道、触觉等），通过电脑等科学技术，模拟仿真后再叠加，将虚拟的信息应用到真实世界，被人类感官所感知，从而达到增强现实的感官

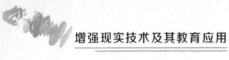

体验。

"AR 大百科"的开发环境是服务器级 CPU：Intel 双核@2.50GHz 或以上，硬盘 1000G 以上，内存 4G 以上，显示器分辨率 1920×1080；外设包括键盘鼠标、摄像头；网络带宽要求 10M 以上；操作系统为 Windows 10 32 位/64 位。

"AR 大百科"的运行环境：移动端建议配置是高通骁龙 801 或者苹果A8＋M8 协处理器/双核 CPU 以上；内存 2G 或以上；分辨率 1920×1080；操作系统 Android 4.0 或 IOS 9 以上。

"AR 大百科"参考国外多年理论实践，依据儿童智力阶段性差异发展理论，结合国内影响儿童智力的传统课堂因素，针对 3 到 6 岁儿童的思维活动差异来编排软件内容，是一款智能启蒙读物。使用智能手机或平板电脑扫描下文二维码后（图 6－4），将自动跳转到下载链接页面，直接下载软件并安装到移动设备上。也可以通过苹果或安卓 APP 商店搜索"AR 大百科"来获得下载安装包。

图 6－4　"AR 大百科"产品二维码

"AR 大百科"激活说明：在配套卡牌产品的说明书底部，可以获得一串6 位的激活密匙，激活密匙是正版 AR 大百科的凭证，可以在最多 5 台设备上激活 AR 大百科。

"AR 大百科"是根据儿童智力阶段性差异发展理论，结合国内影响儿童智力的传统课堂因素，针对 3 到 6 岁儿童的思维活动差异编排学习内容，融合增强现实技术、云服务、大数据技术的一款儿童科普学习 APP，是 AR 界里的"十万个为什么"。

AR 学习产品将改变传统的阅读模式。传统的儿童科普产品多以"文字＋图片"的形式呈现，文字的抽象性让孩子无法全面了解知识，图片的单一性，无法全面展示物体属性。AR 被称为"神奇的阅读"，可以很好弥补传统纸媒的缺陷，它能把物体的信息立体化显示，还能演示声音、体感互动，带来多感官体验。

"AR大百科"搭建有云服务器，服务器定期向客户端推送更新内容。利用云技术与大数据分析，客户端将儿童在每个板块的停留时间、停留偏好、应答情况记录传到服务器，服务器通过不断积累的数据进行分析，并将结果形成儿童的行为发展趋势数据传给监护人的通信设备。确保监护人知悉儿童成长情况，并获得培养建议，辅助家长正确适宜地培养孩子的思维方式与行为素养。

"AR大百科"中的新知识点，都从生活本身入手，通过科学的眼光，让孩子去发现新奇，去发现事物内在的科学原理。科学的魅力在于美妙的过程，相对于传统的纸媒，AR技术可以将新奇的发现，更加直观形象地逐一展开在孩子们的面前。

玩是儿童的天性，单一、枯燥、抽象的传统教学产品让儿童不能长期坚持。"AR大百科"设置三大板块：天文、地理、人文；三大玩法：人机互动、AR涂色、知识扫描。把知识具像化，释放孩子好奇、爱玩的天性，培养孩子的良好阅读习惯，把枯燥的文字变成有趣的3D动画，让孩子在有趣的动画中爱上阅读，把知识变得有趣、好玩，真正做到寓教于乐。

2. 培养目标和产品亮点

"AR大百科"内容设定依托于瑟斯顿（Thurstone）智力差异化培养理论和加德纳（Gardner）多元智慧理论，重在培养儿童多元智慧。空间智慧，三维立体展示，培养儿童利用三维空间的方式进行思维的能力；运动智慧，交互式学习，培养儿童能巧妙地操纵物体和调整身体的能力；音乐智慧，看画听声，培养儿童敏锐地感知声音、音调和音色等的能力；逻辑思维，情景模拟，培养儿童计算、思考和假设的潜质，发展抽象、概况和分析的能力。

"AR大百科"的使用可以培养儿童审美能力，锻炼辩证思维能力，激发儿童的创新与探索精神。①培养审美能力。"AR大百科"的涂色板块注重儿童的感性思维表达，通过画笔将自身对外界的认知展现出来，表达儿童成长过程中的创造力与色彩心理，是创意思维的早期培养过程。②锻炼辩证思维能力。"AR大百科"国家地理板块，采用理性的数据与图表展示，激发儿童的严谨辩证分析能力。人的思维有感性与理性，犹如车之有两轮，相互影响相互作用，直接影响儿童思维习惯的养成。③促进左右脑协调发展。3~8岁是儿童左右脑开发的黄金时期，幼儿美术教育的启蒙对儿童早期智力开发起

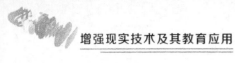

着至关重要的作用。"AR 大百科"不仅能让儿童感受到色彩和地理等的奇妙与丰富，还能充分锻炼儿童涂、画和认识世界各地的技能，对儿童审美能力的培养以及左右脑形象思维的发育都有积极的促进作用。④培养孩子好奇心和探索创新思维。综合运用 AR 技术、云服务、大数据分析，辅助家长更好地培养孩子抽象思维能力，让孩子具有积极向上的思维特征，开放而不封闭、多元而又包容，敢于冒险与挑战又知道如何保护自己，并在试错中寻找真相。"AR 大百科"天文板块，浩瀚的宇宙是灵感的源泉，是探索精神的内在驱动力，也是可以任由感性与理性思维飞翔的自由空间。

"AR 大百科"的产品亮点主要在于：

（1）增强现实技术的教育应用。项目主要依托增强现实技术，使得涂鸦变动画，只要在卡片上涂上喜欢的颜色，在 APP 里的对应板块对准卡片扫描，便可出现对应的事物，并且是绘声绘影的立体动态效果。图案简单生动：卡片内容丰富多彩，涵盖孩子们感兴趣的方方面面。能画又能学：动画中配有注释发音，在绘画进程中建立识物识字、认读的兴趣。各版块有不同的知识，只需用 APP 扫描对应的卡片就能出现知识内容，并且配有注释配音。使用便捷，手机/平板电脑扫描二维码下载安装 APP，随时随地可用。

（2）云服务与大数据分析技术的应用。软件内容推送，服务器定期向客户端推送三大教育版块的更新内容，使软件能持续为用户服务。数据分析，孩子行为数据将会上传到云端，并依据相关理论进行行为趋势分析数据推送，监护人登录 APP 输入相应数据字符，即可获得活动儿童行为趋势分析数据。确保监护人知悉儿童成长情况，增加用户粘性并开拓延伸消费。偏好检测，通过停留时间，判断儿童类目参与的偏好与持久度。数据安全，第一次登录的设备 MAC 地址会被绑定，非监护人设备即使有密码也不能登录。

3. 使用说明

"AR 大百科"最初由广东省外语艺术职业学院策划开发的一个儿童类益智启蒙作品小样。参加中国教育技术协会举办的"第七届仿真软件评比活动"并获得了一等奖。在听取现场评委和专家的建议后，广东省外语艺术职业学院信息学院的师生们通过对走访的 100 多位爸爸妈妈，重新确定了"AR 大百科"的知识框架内容。最后交由广州秋田信息科技有限公司通过 AR 增强现实技术将其整体教育思维呈现出来。

"AR 大百科"宣传海报设计：海报设计是视觉传达的表现形式之一，通过版面的构成在第一时间内将人们的目光吸引，并获得瞬间的刺激，设计中将图片、文字、色彩、空间等要素进行完美的结合，以恰当的形式向人们展示出宣传信息（图6-5）。

图6-5　"AR大百科"宣传海报设计

"AR大百科"包装盒尺寸是26cm×25cm×5.5cm，卡牌尺寸是10.4cm×10.4cm，整套产品总共有71张卡牌，分别是天文22张卡牌（包括八大行星10张，星座12张），地理卡牌25张（包括世界七大奇迹7张，世界之最18张），涂色卡牌24张（包括动物10张，交通7张，植物7张），以及涂画工具水彩笔、油画棒、蜡笔等（图6-6）。

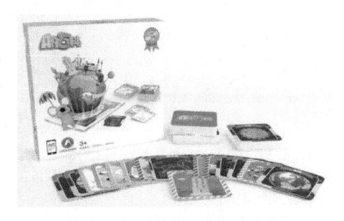

图6-6　"AR大百科"拆箱产品展示

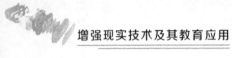

"AR 大百科"开机 LOGO 采用了卡通的形式,在"百"字中加入放大镜图标,寓意用户能更好的去探索教科书以外的知识,提升全方位能力(图 6 - 7)。

图 6 - 7　"AR 大百科"开机 LOGO

"AR 大百科"的首页介绍,点击首页界面的物体能激发相应动画特效,点击右边目录的板块按钮可打开对应子项目内容(图 6 - 8)。

图 6 - 8　"AR 大百科"首页截图

"AR 大百科"制作团队,点击主页左下角"制作团队",出现团队介绍资料。"AR 大百科"出品单位包括广东省外语艺术职业学院信息学院和广州秋田信息科技有限公司(图 6 - 9)。

"AR 大百科"包括三大知识点,分别是天文、地理和涂色。天文模块中

图6-9 "AR大百科"制作团队

包含"八大行星""星云""星座"三个子项。每个选项中都会设置对应的
3D动画和语音讲述,用户可进行互动操作。任一子界面都设置有"返回"
和"主页"按钮,"返回"返回上一级,"主页"返回主界面(图6-10)。

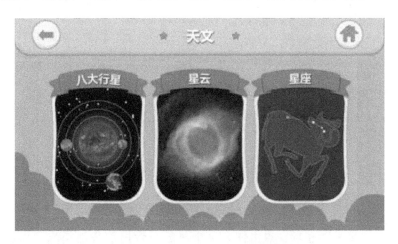

图6-10 "AR大百科"的天文模块

进入"八大行星"子项,此界面可以通过点击屏幕移动旋转星球,通过
点击拉伸可放大缩小星球。单击某一颗星球,会最大化显示该星球,并同步
播放讲解语音。此界面右上角设有"扫描"和"声音"按钮,点击"声音"
按钮可以关闭或重播讲解语音(图6-11)。

点击选择"扫描"按钮,进入AR星球扫描界面,用摄像头扫描任一张
八大行星识别卡牌,会呈现对应的3D动画和语音介绍该星球知识点。用户

可移动旋转卡牌观察星球的各个角度（图6-12）。

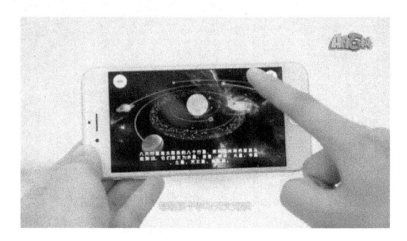

图6-11 "AR大百科"的八大行星介绍

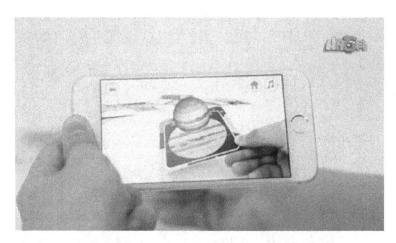

图6-12 "AR大百科"的扫描行星卡牌

进入"星云"子项，点击任意一个星云会弹出下载消耗流量提示（星云系列需通过联网下载观看视频）。点击确认按钮，进入对应星云视频播放。视频内容包括介绍星云的位置、形状、命名等（图6-13）。

进入"星座"子项，选择对应的星座识别卡，运用摄像头对准识别卡牌进行扫描，呈现星座3D动画，同步播放关于该星座相对应的知识（图6-14）。

"AR大百科"地理模块中包含"大洲大洋""世界之最""七大奇迹"三个子项。每个选项中都会设置对应的3D动画和语音讲述，用户可进行互动操作（图6-15）。

图6-13 "AR大百科"的"星云"介绍

图6-14 "AR大百科"的"星座"介绍

图6-15 "AR大百科"的"地理"模块

进入"大洲大洋"系列，在以下界面，可通过点击拖拽旋转地球，点击某一块地形，会显示该地形大洲大洋的名称及特点，同步伴有语音解释。该系列不需扫描识别卡牌（图 6 – 16）。

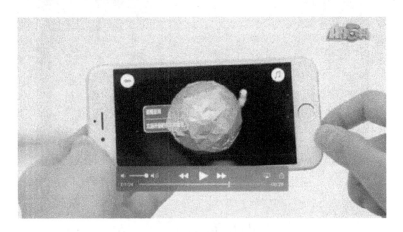

图 6 – 16　"AR 大百科"的地球 3D 动画展示

进入"世界之最"子项，选用对应世界之最的识别卡牌，通过摄像头扫描，呈现 3D 动画及立体图示、文字参数等，同步播放语音解释（图 6 – 17）。

图 6 – 17　"AR 大百科"的"万里长城"介绍

进入"七大奇迹"子项，选用对应七大奇迹的识别卡牌，通过摄像头扫描，呈现各大奇迹 3D 模型，并同步播放该奇迹的语音介绍（图 6 – 18）。

"AR 大百科"涂色模块中包含"交通""植物""动物"三个子项。用

图 6 – 18 "AR 大百科"的"七大奇迹"介绍

户可通过扫描涂色系列卡牌，在移动端中获得相对应的 3D 模型。还可以在卡牌上填涂颜色，再次扫描，为原来的 3D 模型添加上自己绘制的色彩。每个卡牌扫描成功后，会同步播放相对应物体的语音介绍。点击 3D 模型，会出现相对应的动画（图 6 – 19）。

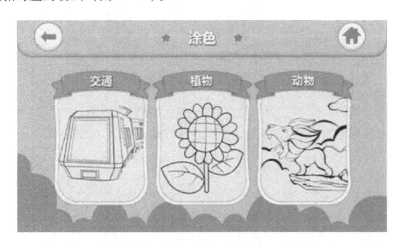

图 6 – 19 "AR 大百科"的"涂色"模块

进入"交通"子项。挑选一张交通类识别卡牌，给卡牌涂上颜色之后，对准卡牌进行扫描即可呈现有趣的 3D 动画（图 6 – 20）。

例如：火车识别卡牌中呈现出的 3D 动画，火车围绕着轨道转，点击屏幕中的火车会发出喇叭声。给用户以视觉、听觉等多方面的刺激，多维度增强用户对该知识点的印象，做到寓教于乐（图 6 – 21）。

图 6 – 20　"AR 大百科"的"火车"卡牌

图 6 – 21　"AR 大百科"火车卡牌 3D 动画展示

进入"动物"子项，给动物卡牌涂上自己喜欢的颜色，对准卡牌进行扫描，会出现对应的动物 3D 模型，并同步播放语音介绍（图 6 – 22）。

图 6 – 22　"AR 大百科"动物卡牌涂色

用户可通过旋转移动卡牌观看动物的不同角度，点击 3D 动物模型，会激活该动物，并作出相对应的动作，例如：点击考拉，它会在丛林中跳跃并发出叫声（图 6 – 23）。

图 6 – 23　"AR 大百科"的动物 3D 动画

进入"植物"子项，选择植物系列卡牌，涂上颜色之后，对准卡牌进行扫描即可呈现该植物的 3D 模型，并同时播放语音解释（图 6 – 24）。

图 6 – 24　"AR 大百科"仙人掌涂色

点击模型，会激活该模型并播放动画。例如：仙人掌识别卡牌中，点击模型后，植物会跳动并发出声音，通过动画展示植物生长的规律特征（图 6 – 25）。

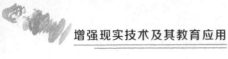
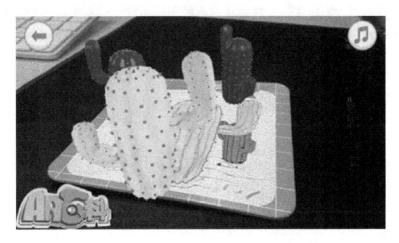

图 6 – 25　"AR 大百科"仙人掌卡牌 3D 动画展示

4.　**获得荣誉**

2017 年 7 月，"AR 大百科"通过国家版权局认证，获得计算机软件著作权。根据国务院颁布的《计算机软件保护条例》，计算机软件是指计算机程序及有关文档，受保护的软件必须由开发者独立开发，即必须具备原创性，同时，必须是已固定在某种有形物体上而非存在于开发者的头脑中。软件著作权人享有的权利包括发表权、开发者身份权、使用权、使用许可和获酬权、转让权。软件开发者的身份权保护期不受限制，软件著作权的其他权利保护期为 25 年。保护期满前，软件著作权人可以向软件登记机关申请展 25 年，但保护期最长不超过 50 年（图 6 – 26）。

"AR 大百科"还获得了第七届教育仿真软件大赛一等奖。2016 年 7 月 28 日至 30 日，由中国教育技术协会主办，天津职业技术师范大学承办，天津市多媒体教育技术研究会、南开大学出版社有限公司协办的第七届全国教育仿真软件大赛在天津市举行。"AR 大百科"荣获全国院校组一等奖（图 6 – 27）。

2017 年 12 月，"AR 大百科"获第三届"挑战杯——彩虹人生"广东职业院校创新创效创业大赛特等奖（图 6 – 28）。2018 年 4 月，"AR 大百科——基于 AR 技术的百科互动软件开发"获 2018 年广东大学生科技创新培育专项资金（攀登计划）重点项目立项。

图 6-26　"AR 大百科"软件著作权登记证书

二、其他增强现实应用开发

1. Table + 多功能智能早教桌 + AR 游戏

Table + 多功能智能早教桌，是一款集玩乐、科普、益智、绘画、启蒙等多重功能的产品，产品硬件部分由早教桌、积木台、绘图板、拼图、戏水台、沙滩台、收纳袋、配套儿童椅等部分组成，软件部分搭配有若干 AR 科

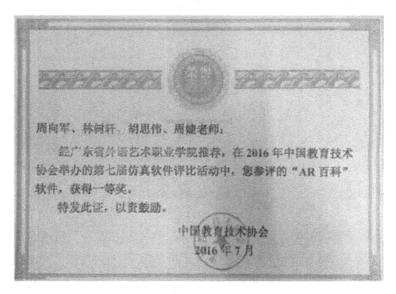

图6-27　获第七届仿真软件大赛一等奖

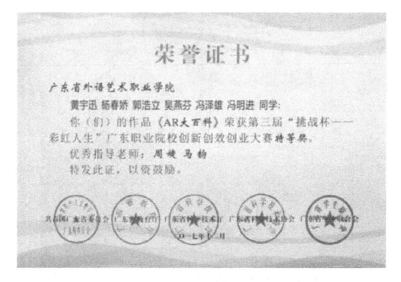

图6-28　获广东职业院校创新创效创业大赛特等奖

普游戏，目前包括公共场所科普站、企鹅冒险、动物园三款软件，后期还将持续研发。

　　目前产品由广州创森软件科技有限公司与广州企鹅科教有限公司联合制作，具体由增强现实应用开发工作室的师生进行项目研发（图6-29）。

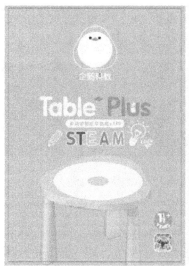

图 6 - 29　Table + 多功能智能早教桌

2018 年 1 月，Table + 多功能智能早教桌取得国家知识产权局颁发的外观设计专利，专利号为 ZL201730375104.5。

2. 创森未来儿童探索中心

创森未来儿童探索中心是增强现实应用开发工作室的创业项目，是集儿童探索、游乐、展示和拓展训练为一体的新型教娱平台。创森未来儿童探索中心旨在改变传统室内儿童游乐园教学结构零碎、娱乐内容同质单一的现状并尝试开拓发展，将消费群体单一、封闭的儿童游乐业态，变成经济商圈中促进连带消费的关键环节。

创森未来儿童探索中心利用五大新媒介技术，打造九大探索主题。九大探索主题是探索中心的核心板块，是儿童、家长参与探索中心的主要活动类型，主要通过各种新媒介技术展现在游乐场各个区域。九大探索主题按阶段性分为自由探索、引导探索课程（配备教师引导）。自由探索旨在通过游乐项目，收集、分析儿童的生理差异、个性结构差异、认知风格和认知行为差异、智力差异，判断儿童行为发展趋势。为引导探索课程提供矫正儿童不良行为习惯的数据依据（图 6 - 30）。

图 6-30　全息儿童互动游乐区

五大新媒介技术，新媒介技术的多样性及适应性趣味性是对传统器械游乐的颠覆，借用增强现实、虚拟现实、混合现实、全息显像、体感交互及投影成像技术，探索中心形成了沉浸式互动投影系统、MR 混合现实系统、全息科教系统、传像互动系统、虚拟现实辅助系统（特殊教育）。

图 6-31～图 6-33 是创森未来儿童探索中心为"中山他条科技艺术餐吧"设计的全息光影互动产品。

图 6-31　全息互动展区 - 海底世界

图 6-32　全息互动展区 - 万家灯火

图 6 - 33　全息互动迎客区 - 海上生明月

2017 年 8 月，创森未来儿童探索中心获得第三届中国"互联网 +"大学生创新创业大赛广东分赛优胜奖。2018 年 5 月，创森未来儿童探索中心获得"挑战杯·创青春"广东大学生创新创业大赛银奖。

3. MONMON 增强现实填色游戏

MONMON 是一款把传统填色游戏和前沿 AR 技术结合的儿童益智应用软件，让小朋友对在现实打印出来的动物图案涂上色彩后，通过前沿的 AR 技术，创作出属于儿童自己独一无二的动物，而且 MONMON 提供了很多的动物图案让小朋友选择（图 6 - 34）。

图 6 - 34　MONMON 增强现实填色游戏

MONMON 也有养成功能，小朋友可以给自己创作出来的动物进行喂食，洗澡等等，让小朋友可以对自己的动物进行悉心照顾，并且可以拍照、录像进行分享，而且它还支持 7 国语言，给更多国家的小朋友们带来乐趣和欢乐。

4. 宇宙英雄 AR 格斗游戏

宇宙英雄是由兰州予悦动漫投资、广州锐视正版授权、广州秋田信息科技有限公司支持制作的一款 AR 卡牌格斗游戏。宇宙英雄系列畅销国内食玩

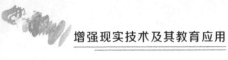

市场，年销量超过 6500 万元人民币。由于当时开发制作中未有明确署名，在软件畅销后，市面上由多家公司宣布其为宇宙英雄的制作者（图 6-35）。

图 6-35　宇宙英雄角色技能设置界面

实际上宇宙英雄 AR 格斗版是广东省外语艺术职业学院信息学院虚拟现实与交互多媒体工作室与秋田信息科技的合作项目，本次展示的 UI 图例是首次公开的设定资料，仅在内部可见（图 6-36）。

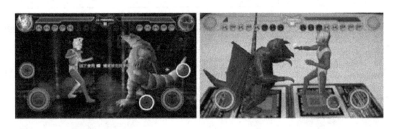

图 6-36　角色格斗截图

5. 纳份爱收纳柜 AR 展示系统

纳份爱是为深圳市纳份爱电子商务有限公司旗下的家居用品设计的软件，纳份爱带有 AR 实景功能，它能让人们在还没购买柜子的情况下，通过扫描识别图即可出现与各种款式的真实大小一致的 3D 模型柜子放在家里时的实际情景，通过这款软件让更多人购买纳份爱公司的商品（图 6-37）。

图 6 - 37　收纳柜 AR 展示系统

6. 数字楼盘展示系统

柳州钢铁（集团）公司旗下的兴佳一品江山项目是广州秋田信息科技有限公司承接的第一个大型地产项目。一品江山项目分为全息体感沙盘、全息户型、AR 户型、VR 户型、体感沙盘漫游及 LBS 周边等几个板块，是地产类项目与多媒体技术开发探索的一个典型案例（图 6 - 38）。

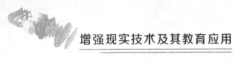

图 6 - 38　数字楼盘展示系统

参 考 文 献

中文部分

[1] 王涌天，陈靖，程德文. 增强现实技术导论 [M]. 北京：科学出版社，2015.

[2] Gregory Kipper, Joseph Rampolla. 增强现实技术导论 [M]. 北京：国防工业出版社，2014.

[3] 李克东. 教育技术学研究方法 [M]. 北京：北京师范大学出版社，2003.

[4] 胡智标. 增强教学效果 拓展学习空间——增强现实技术在教育中的应用研究 [J]. 远程教育杂志，2014，（2）：106 – 112.

[5] 陈向东，曹杨璐. 移动增强现实教育游戏的开发——以"快乐寻宝"为例 [J]. 现代教育技术，2015，（4）：101 – 107.

[6] 张维莹. 基于增强现实技术的教育软件在小学英语教学中的应用实践 [J]. 西部素质教育，2016，（4）：158 – 159.

[7] 康帆. 增强现实技术支持的幼儿教育环境研究：基于武汉市某幼儿园的调查与实验 [J]. 电化教育研究，2015，（7）：61 – 65.

[8] 徐媛. 增强现实技术的教学应用研究 [J]. 中国远程教育，2007，（10）：68 – 70.

[9] 李婷等. 基于"视联网"增强现实技术的教学应用研究 [J]. 现代教育技术，2011，（4）：145 – 147.

[10] 齐立森等. 增强现实的技术类型与教育应用 [J]. 现代教育技术，2014，（11）：18 – 22.

[11] 汪存友等. 增强现实教育应用产品研究概述 [J]. 现代教育技术，2016，（5）：95 – 101.

[12] 李海龙. 增强现实多媒体教学环境设计 [J]. 中国远程教育，2013，（5）：87 – 91.

[13] 刘锦宏等. 增强现实互动游戏用户体验模型构建研究 [J]. 出版科学，2015，（2）：85 – 88.

[14] 陈向东，蒋中望. 增强现实教育游戏的应用 [J]. 远程教育杂志，2012，（05）：68 – 73.

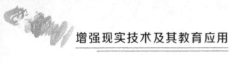

［15］徐丽芳. 基于增强现实技术的教育游戏研究［J］. 湘潭大学学报（自然科学版），2015，（2）：120－124.

［16］程志. 智能手机增强现实系统的架构及教育应用研究［J］. 中国电化教育，2012，（8）：134－138.

［17］王萍. 基于增强现实技术的移动学习研究初探［J］. 现代教育技术，2013，（5）：5－9.

［18］王萍. 移动增强现实型学习资源研究［J］. 电化教育研究，2013，（12）：60－67.

［19］马莉，沈克. 增强现实外语教学环境及其多模态话语研究［J］. 现代教育技术，2012，（7）：49－53.

［20］齐建明. AR增强现实绘本在早期教育中的应用［J］. 科技资讯，2015，（26）：158－159.

［21］魏小东，王涌天，黄业桃，唐东川，施一宁，袁旺，廖阳光，刘越. 悦趣多：基于增强现实技术的高中通用技术创新教育平台［J］. 电化教育研究，2014，（3）：65－71.

［22］张燕. 从"经验之塔"理论看增强现实教学媒体优势研究［J］. 现代教育技术，2012，（5）：22－25.

［23］李青. 基于增强现实的移动学习实证研究［J］. 中国电化教育，2013，（1）：116－120.

［24］朱书强，刘明祥. 实证研究方法在教育技术学领域的应用情况分析［J］. 电化教育研究，2008，（8）：32－36.

［25］陈玉文. 增强现实技术及其在军事装备和模拟训练中的应用研究［J］. 系统仿真学报，2013（8）：258－262.

［26］陈向东，乔辰. 增强现实学具的开发与应用——以"AR电路学具"为例［J］. 中国电化教育，2014（9）：105－110.

［27］李勇帆，李里程. 增强现实技术支持下的儿童虚拟交互学习环境研发［J］. 现代教育技术，2013，（1）：89－93.

［28］谭小慧，周明全，樊亚春，范鹏程，赵春娜. 多标志齐次变换的增强现实技术与虚拟教育应用［J］. 北京师范大学学报（自然科学版），2013（2）：29－33.

［29］周灵，张舒予，朱金付，朱永海，魏三强. 增强现实教科书的设计研究与开发实践［J］. 现代教育技术，2014（9）：107－113.

［30］曾泰，刘桥. 增强现实技术在晶体结构教学上的应用［J］. 微型机与应用，2015（16）：80－82.

［31］左大利. 基于增强现实技术的"机械设计基础"课程教学改革探索［J］. 教育教学论坛，2012（11）：131－132.

［32］陈向东，张茜. 基于增强现实的教学演示［J］. 中国电化教育，2012（9）：102－105.

［33］赵海兰（2008）．基于 Ubiquit ous 的融合学习——海外案例分析及其启示［J］．中国电化教育（07）：98－104

［34］李海龙，刘玉庆，朱秀庆．光学透视头盔显示器标定技术［J］．计算机系统应用，2013（07）：152－155．

［35］中国知网［DB/OL］．http://acad.cnki.net/Kns55/oldnavi/n_ Navi.aspx?NaviID＝100，2016/8/23．

［36］齐鲁晚报．中国移动、亮风台共同打造 MWC 智能 AR 办公场景［DB/OL］．http://www.qlwb.com.cn/2016/0705/664586.shtml,20160705．

［37］钟景迅．教育科学研究方法第四讲：理论研究和文献综述［DB/OL］．http://wenku.baidu.com/link?url＝aCgYY3hsVVuy7jmVJScySer5h9T － 7nks4XAhuPz3RDCajjdj_ QnidYkQxw_ zsC1SmMY98L9szCrc6w_ Yxxdb6VyOW13UyNe6d － SbzUE5zFe,2016 0712．

［38］林靖东．预计增强现实技术明年才会进入消费者市场［DB/OL］．http://tech.qq.com/a/20160113/041653.htm,20160113．

［39］百度百科．XNA［DB/OL］．http://baike.baidu.com/link?url＝7paCcJRt8RI7NqH9Pel － dT4VPfaefeeL7wHd6f5ibmolkEW8QXaep_ kqpXr8CkwUIkolJyjn9Y6pCTcfg5rYq_ ,2016 0218．

［40］天极网软件频道．微软停 XNA 工具包更新 重心转向 DirectX 开发［DB/OL］．http://homepage.yesky.com/277/34452277.shtml,2013－02－04．

［41］网易科技．高通以 6500 万美元售出了 AR 业务 Vuforia［DB/OL］．http://tech.163.com/15/1014/09/B5SIHI0B00094P0U.html,2015－10－14．

［42］电子技术设计．瞧瞧 F－35 Lightning Ⅱ战斗机都有哪些高精尖电子技术？［EB/OL］．（2018－6－26）．http://archive.ednchina.com/www.ednchina.com/ART_ 8800523937_ 27_ 35486_ NT_ 2068ae6f_ 4.HTM．

［43］百度百科．谷歌眼镜［EB/OL］．（2018－6－26）．https://baike.baidu.com/item/Project%20Glass/8678686?fr＝aladdin&fromid＝8706652&fromtitle＝%E8%B0%B7 E6%AD%8C%E7%9C%BC%E9%95%9C．

［44］亚设家电网.2014SINOCES 新品"各显神通"比拼智能新生活［EB/OL］．（2018－6－26）．http://www.ashea.com.cn/news/201406/27581.html．

［45］百度百科．Oculus Rift.［EB/OL］．（2018－6－26）．https://baike.baidu.com/item/Oculus%20Rift/352914?fr＝Aladdin．

［46］爱范儿．今天正式发货的 Oculus Rift，背后的产品设计都有什么讲究？［EB/OL］．（2018－6－26）．http://www.ifanr.com/639442．

［47］百度百科．HTC Vive.［EB/OL］．（2018－6－26）．https://baike.baidu.com/item/HTC%20Vive/16835463?fr＝Aladdin．

［48］界面新闻．宜家推出新玩法让你窝在沙发戴着头盔就能设计厨房［EB/OL］．（2018－

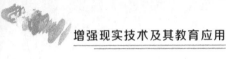

6 – 26）．http：//www．jiemian．com/article/600224．html．

［49］游戏时光．高清 PlayStation VR 开箱图片与视频．［EB/OL］．（2018 – 6 – 26）．http：//www．vgtime．com/topic/9258．jhtml．

［50］牛华网．PlayStation VR 全面评测：最值得购买的虚拟现实头盔［DB/OL］．（2018 – 6 – 26）．http：//digi．newhua．com/2016/1009/310503．shtml．

［51］百度百科．虚拟现实．［DB/OL］．（2018 – 6 – 26）．https：//baike．baidu．com/item/%E8%99%9A%E6%8B%9F%E7%8E%B0%E5%AE%9E/207123?fr = Aladdin．

［52］安福双．一文看懂 AR 增强现实 50 年发展历史［DB/OL］．（2018 – 6 – 26）．http：//www．sohu．com/a/147115037_ 99899590．

［53］凡拓数字创意．AR 增强现实技术应用在哪些领域？［DB/OL］．（2018 – 6 – 26）．http：//blog．sina．com．cn/s/blog_ a528ea960102wc8w．html．

［54］腾讯汽车．德国马牌挡风玻璃增强现实技术提升人车交互体验．［DB/OL］．（2018 – 7 – 26）．http：//auto．qq．com/a/20160407/047653．html．

［55］百度百科．XNA［DB/OL］．（2018 – 06 – 27）．http：//baike．baidu．com/link?url = wlpdf_fV9sIYj2F1uCekyLfXjDuskveHIBt65Q3SUdngl6BbkM – QMf7pkYsMXoD3De – wRB_o2GKSZEtiwKy69K．

［56］天极网软件频道．微软停 XNA 工具包更新 重心转向 DirectX 开发［DB/OL］．（2018 – 06 – 27）．http：//homepage．yesky．com/277/34452277．html．

［57］桑果．AR ToolKit 之 Example 篇［DB/OL］．（2016 – 02 – 18）．https：//www．cnblogs．com/polobymulberry/p/5905680．html．

［58］AR IN CHINA．Metaio 官方教程指［DB/OL］．（2016 – 02 – 11）．http：//dev．arinchina．com/metaiowz/ar4873/4873/1．

［59］爱范儿．Metaio 是谁？［DB/OL］．（2018 – 07 – 14）．https：//www．ifanr．com/703376．

［60］网易科技．高通以 6500 万美元售出了 AR 业务 Vuforia［DB/OL］．（2015 – 10 – 14）．http：//tech．163．com/15/1014/09/B5SIHI0B00094P0U．html．

［61］青亭网．Vuforia 推第 7 代新版本，让 AR 无缝融合真实世界 http：//www．7tin．cn/news/98208．html

［62］喜欢雨天的我．Vuforia 学习推荐［DB/OL］．（2018 – 06 – 29）．https：//blog．csdn．net/qq_ 15807167/article/details/51720345．

［63］AR 学院．［DB/OL］．（2018 – 06 – 29）．http：//www．arvrschool．com．

［64］AR 学院．源码．［DB/OL］．（2018 – 06 – 29）．http：//www．arvrschool．com/thread – 61．

［65］百度百科．插件．［DB/OL］．（2018 – 06 – 29）．https：//baike．baidu．com/item/%E6%8F%92%E4%BB%B6/369160?fr = aladdin#4．

［66］AR 学院．AR 各 SDK 比较．［DB/OL］．（2018 – 06 – 29）．http：//www．arvrschool．com/read – 651．

［67］AR 学院．Vuforia 学习汇总．［DB/OL］．（2018 – 06 – 29）．http：//www．arvrschool．

com/read－325.

［68］ AR 学院. HiAR 学习汇总. ［DB/OL］. （2018－06－29）. http://www. arvrschool. com/read－678.

［69］ AR 学院. EasyAR 学习汇总. ［DB/OL］. （2018－06－29）. http://www. arvrschool. com/read－676.

［70］ CSDN. Vuforia 中文社区. ［DB/OL］. （2018－06－29）. http://vuforia. csdn. net/.

［71］ 亮风台官方网站. ［DB/OL］. （2018－06－29）. https://www. hiscene. com/.

［72］ 亮风台. 案例. ［DB/OL］. （2018－06－29）. https://www. hiscene. com/case/.

［73］ 视＋AR. ［DB/OL］. （2018－06－29）. http://www. sightp. com/.

［74］ 视＋AR. AR 开放平台［DB/OL］. （2018－06－29）. http://www. sightp. com/product/ sdk. html.

［75］ 视＋AR. AR 内容平台［DB/OL］. （2018－06－29）. http://www. sightp. com/product/ lightapp. html.

［76］ 视＋AR. AR 解决方案［DB/OL］. （2018－06－29）. http://www. sightp. com/solution/ oneStopSolution. html.

［77］ 视＋AR. AR 成功案例［DB/OL］. （2018－06－29）. http://www. sightp. com/case/.

［78］ AR School 官方网站. ［DB/OL］. （2018－06－29）. http://www. armagicschool. com/.

［79］ 小熊尼奥官方网站. ［DB/OL］. （2018－09－29）. http://www. neobear. com/.

［80］ 希大. 为 AR 教育产品提供新的交互方式,「马顿科技」推出可 "凌空" 建模的行空笔［DB/OL］. （2018－09－29）. http://36kr. com/p/5100604. html.

［81］ AR IN CHINA. Metaio 官方教程指［DB/OL］. http://dev. arinchina. com/metaiowz/ ar4873/4873/1,20160211.

英文部分

［1］ Amy M. Kamarainen, Shari Metcalf, Tina Grotzer, Allison Browne, Diana Mazzuca, M. Shane Tutwiler, Chris Dede （2013）. EcoMOBILE: Integrating augmented reality and probeware with environmental education field trips ［J］. Computers & Education （68）: 545－556.

［2］ Tzung－Jin Lin, Henry Been－Lirn Duh, Nai Li, Hung－Yuan Wang, Chin－Chung Tsai （2013）. An investigation of learners' collaborative knowledge construction performances and behavior patterns in an augmented reality simulation system ［J］. Computers & Education （68）: 314－321.

［3］ Peter Sommerauer, Oliver Müller （2014）. Augmented reality in informal learning environ-

ments: A field experiment in a mathematics exhibition [J]. Computers & Education (79): 59 - 68.

[4] María Blanca Ibáñez, Ángela Di Serio, Diego Villarán, Carlos Delgado Kloos (2014). Experimenting with electromagnetism using augmented reality: Impact on flow student experience and educational effectiveness [J]. Computers & Education (71): 1 - 13.

[5] Angela Di Serio, Maria Blanca Ibanez, Carlos Delgado Kloos (2013). Impact of an augmented reality system on students' motivation for a visual art course [J]. Computer & Education, (68): 586 - 596.

[6] Amy M. Kamarainen, Shari Metcalf, Tina Grotzer, Allison Browne, Diana Mazzuca, M. Shane Tutwiler, Chris Dede (2013). EcoMOBILE: Integrating augmented reality and probeware with environmental education field trips [J]. Computers & Education (68): 545 - 556.

[7] Tzung - Jin Lin, Henry Been - Lirn Duh, Nai Li, Hung - Yuan Wang, Chin - Chung Tsai (2013). An investigation of learners' collaborative knowledge construction performances and behavior patterns in an augmented reality simulation system [J]. Computers & Education (68): 314 - 321.

[8] Lin T J, Duh H B L, Li N, et al. An investigation of learners' collaborative knowledge construction performances and behavior patterns in an augmented reality simulation system [J]. Computers & Education, 2013, 68: 314 - 321.

[9] Mayer R E. Multimedia learning: Are we asking the right questions? [J]. Educational Psychologist, 997, (1): 1 - 19.

[10] Paivio A. Mental representations: A dual coding approach [M]. New York: Oxford University Press, 1990: 177 - 179.

[11] Paas F, Gog T V, Sweller J. Cognitive load theory: New conceptualizations, specifications, and integrated research perspectives [J]. Educational Psychology Review, 2010, (2): 115 - 121.

[12] Wittrock M C. Generative learning processes of the brain [J]. Educational Psychologist, 1992, (4): 531 - 541.

[13] María Blanca Ibáñez, Ángela Di Serio, Diego Villarán, Carlos Delgado Kloos (2014). Experimenting with electromagnetism using augmented reality: Impact on flow student experience and educational effectiveness [J]. Computers & Education (71): 1 - 13.

[14] Angela Di Serio, Maria Blanca Ibanez, Carlos Delgado Kloos (2013). Impact of an augmented reality system on students' motivation for a visual art course [J]. Computer & Education, (68): 586 - 596.

[15] R Mitchell, C Dede, & M Dunleavy. Affordances and Limitations of Immersive Participatory: Augmented Reality Simulations for Teaching and Learning [J]. Journal of Science

Education and Technology, 2009. 18（1）：7 – 22.

［16］ K D Squire. Mad City Mystery：Developing Scienti？c Argumentation Skills with a Place – based Augmented Reality Game on Handheld Computers ［J］. Journal of Science Education and Technology, 2007. v16, n1. pp. 5 – 29.

［17］ K L Schrier. Revolutionizing History Education：Using Augmented Reality Games to Teach Histories ［J］. ducation, 2005. v51：1 – 290.

［18］ M Juan. Tangible Cubes Used as the User Interface in an Augmented Reality Game for Edutainment ［A］.10th IEEE International Conference on Advanced Learning Technologies ［C］, 2010. pp. 599 – 603.

［19］ A Echeverría, C García – Campo. Classroom Augmented Reality Games：A Model for the Creation of Immersive Collaborative Games in the Classroom［EB/OL］.［2012 – 05 – 22］. http://dcc. puc. cl/system/files/MN43 – Classroom + augmented + games. pdf.

［20］ Ana Grasielle Dionisio Correa. GenVirtual：An Augmented Reality Musical Game for Cognitive and Motor Rehabilitation ［J］. Virtual Rehabilitation, 2007,（2）：1 – 6.

［21］ K D Squire. Wherever You Go, There You Are：Place – Based Augmented Reality Games for Learning ［J］. The Design and Use of Simulation Computer Games in Education, 2007. pp. 265 – 290.

［22］ Unity. Company Facts［DB/OL］.（2016 – 01 – 28）. http://unity3d. com/public – relations.

［23］ AR Toolkit. Introduction［DB/OL］.（2016 – 02 – 18）. http://www. hitl. washington. edu/artoolkit/.

［24］ Vuforia Developer Portal. Pricing Overview［DB/OL］.（2016 – 02 – 18）. https://developer. vuforia. com/pricing.

［25］ Unity3d. Get Unity［DB/OL］. http://unity3d. com/get – unity,20160130.

［26］ Total Immersion. D' fusion studio suite［DB/OL］.（2016 – 02 – 18）. http://www. t – immersion. com/products/dfusion – suite/.

［27］ BazAR. A vision based fast detection library［DB/OL］.（2018 – 06 – 27）. http://cvlab. epfl. ch/software/bazar.

［28］ Metaio. Product Support［DB/OL］.（2016 – 02 – 18）. http://www. metaio. com/product_support. html.

［29］ Vuforia Developer Portal. Vuforia object scanner［DB/OL］.（2018 – 06 – 29）. http://developer. vuforia. com/downloads/tool.

［30］ Vuforia［DB/OL］.（2018 – 06 – 29）. https://www. vuforia. com/.

［31］ Vuforia. Downloads samples［DB/OL］.（2018 – 06 – 29）. https://developer. vuforia. com/downloads/samples.

［32］ Vuforia. Downloads tool［DB/OL］.（2018 – 06 – 29）. https://developer. vuforia. com/

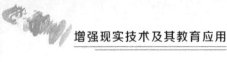
downloads/tool.

［33］ Vuforia. Library［DB/OL］. (2018 – 06 – 29). https://library. vuforia. com/.

［34］ Vuforia. license – manager. ［DB/OL］. (2018 – 06 – 29). https://developer. vuforia. com/license – manager.

［35］ Vuforia. support. ［DB/OL］. (2018 – 06 – 29). https://developer. vuforia. com/support.

［36］ Vuforia. case – studies. ［DB/OL］. (2018 – 06 – 29). https://www. vuforia. com/case – studies. html.

［37］ Joshua Qua Hiansen, Azad Mashari, Massimiliano Meineri. apil. ［DB/OL］. (2018 – 06 – 29). https://www. vuforia. com/case – studies/apil. html.

［38］ AVATAR Partners. Vuforia Model Targets Application in Aircraft Maintenance. ［DB/OL］. (2018 – 06 – 29). https://www. vuforia. com/case – studies/avatar – partners. html.

［39］ Vuforia. Scholastic Book Fairs. ［DB/OL］. (2018 – 06 – 29). https://www. vuforia. com/case – studies/scholastic – book – fairs. html.

［40］ Vuforia. tools – and – resources. ［DB/OL］. (2018 – 06 – 29). https://www. vuforia. com/tools – and – resources. html.

［41］ Vuforia. pricing. ［DB/OL］. (2018 – 06 – 29). https://developer. vuforia. com/vui/pricing.

［42］ Vuforia. apps. ［DB/OL］. (2018 – 06 – 29). https://www. vuforia. com/apps. html.

［43］ Vuforia. devices. ［DB/OL］. (2018 – 06 – 29). https://www. vuforia. com/devices. html.

附　录

基于 3D 全息投影技术的室内建筑展示设计与制作

金一强　黄素銮

摘要：借助 3D 全息投影技术强大的虚拟现实能力，本研究将 3D 投影与展示需求量大、要求高的房地产行业结合在一起，通过建筑建模、贴图与展UV、烘焙光效、渲染影片等步骤，实现将建筑三维画面悬浮在实景的半空中成像，形成强烈的纵深感，大幅度增强建筑展示能力，具有非常好的应用价值及发展前景。

关键词：3D 全息投影；室内建筑展示，设计与制作

一、引言

3D 全息投影技术（3D front-projected holographic display）也称虚拟成像技术，它是利用光的干涉和衍射原理记录并再现物体真实的三维图像的技术[1]。3D 全息投影技术不仅可以产生立体的空中幻象，还可以使幻象与表演者互动，一起完成表演，产生令人震撼的立体效果。3D 全息投影技术适用于产品展览发布、远程会话、舞台节目、场所互动投影等。

建筑展示设计是在既定的时间和空间范围内，运用艺术设计语言，通过对建筑空间与平面的精心设计，使其产生独特的空间范围，不仅含有解释建筑设计主题的意图，并使观众能参与其中，达到完美沟通的目的[2]。传统建筑展示设计主要通过平面印刷作品和建筑模型去实现，表现能力相对贫乏、有限。但是，借助 3D 全息投影技术强大的虚拟现实能力，新的建筑展示设计可以实现将建筑三维画面悬浮在实景的半空中成像，形成强烈的纵深感，

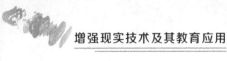

营造出亦幻亦真的效果，大幅度增强建筑展示能力。目前，利用 3D 全息投影技术进行建筑展示设计属于行业发展前沿，很有研究价值。

因此，本文开展基于 3D 全息投影技术的室内建筑展示设计与制作，利用 3D 建模软件构建建筑展示模型，进而贴图、烘焙光效、渲染影片，并结合实物，实现影像与周围环境实物的结合，达到高清晰度、高仿真度的展示效果。

二、基于 3D 全息投影技术的室内建筑设计思路

传统的平面户型图对客户来说并不能提供太高的了解价值，对产品各方面的好与坏了解也不深刻。但在配合全息投影技术的情况下，可以将平面的产品立体化。使客户对产品每一个方面每一个特点有更加深刻的了解与认知。更加能激发客户的购买欲，产品的宣传配合上全息投影的立体化无疑是选插广告的一个巨大进步。

本文选择是一套三房两厅的户型进行全息投影，将平面的户型通过 3D 模型制作再赋予其材质，使户型通过 3D 技术成立虚拟立体化，再配合全息投影技术投射出虚拟立体化模型。这样观众更能看清户型的每一个方面每一个角落，让客户对户型的了解更加深入。

全息投影对映射视频的要求与常用的视频不同，它需要将物体的四个角度全容纳在一个视频文件之中。但一台摄像机无法同时照射两个角度，所以首先采用四台摄像机同时进行工作，分别照射物体的前后左右四个角度。渲染完成再将四个视频导入后期软件之中加以调整，将四个视频的内容全部容纳进一个视频之中。影视后期软件的运用可以做到这一点，将物体的前后左右依次剪入一个视频文件之中。随后导出一个正方形的视频文件，通过全息投影的仪器映射而出一个立体的物体。这就是全息投影与三维技术的结合，全息投影将平面户型图进行三维立体化，为室内建筑带来逼真的形象展示。

三、基于 3D 全息投影技术的室内建筑展示制作过程

室内建筑展示制作过程包括：首先确定需要展示建筑的布局、大小和风格；进而开展基于 3D 投影技术的建筑展示主体制作，建模、分 UV、贴图和打灯光；最后进行展示影片的渲染与放置投影系统展示。

（一）3D 建模

全息投影的第一步，就是制作出室内实景展示的模型，即使用三维制作

软件构建出具有三维数据的模型。3D 建模通常可以使用 3D MAX，Maya，Softimage ，Rhino，C4D 等软件来制作，本文使用的建模工具是 Maya。先把户型图导入 Maya 里，进行冻结将捕捉点设置为垂直和中点，成为底图；生产实体，有了底图的帮衬，制作出墙体后开始建立家具；修正建模，建模制作完后要进行检查修改细节。

在室内建模时，注意内部物体的比例设置，避免发生在这个户型中出现电视高过人，坐沙发要爬上去坐等让人发笑的错误。除此之外，建模时还需要注意面数设置，不要出现刚开始是做成产品级别的高精度，结果一套户型产生 400 多万个面，导致实时显示的机器无法承受，最后又要痛苦的减面。

（二）贴图与分 UV

全息投影的第二步，就是 3D 建模完成后就要开始赋予贴图，即把三维模型展开成一个平面，然后在 PhotoShop 等二维软件里画材质图，最后利用 maya、3Dmax 等 3D 制作软件将材质图覆于建立的立体模型上。做出的模型能不能达到预先设计的显示效果与其赋予的材质息息相关。材质可以看成是材料和质感的结合，譬如纹理、透明度、光滑度、发光度等，有了这些可视属性才能识别出建模是由什么做成的。

当建模赋上贴图后就要进行展 UV，通过展 UV，表现模型的细节，不会出现贴图的拉伸，模糊等问题。

（三）灯光调试

在完成 3D 建模、贴图绘制等工作之后进行打灯调色等工作。如果说模型是建筑的五官，而灯光就是建筑的灵魂。调试良好的灯光能提高画面的质感与真实感，使得画面里的物体显的更加真实富有生命[3]。

该工作可通过 Maya 自带灯光渲染来进行打灯，还可下载灯光插件进行灯光调试。一般来说灯光插件更受使用者的欢迎，其相对 Maya 自带的灯光效果会使操作简单化，不需要调试过多的参数和驳杂的命令。在载入了插件之后，可以直接点击命令调制出事先设置好的灯光为自己所用。所以，在插件的帮助下能够更好更快的完成各种工作。本文采用 Maya Vray 插件进行灯光调试，它是一款常用且非常强大的灯光插件，在灯光效果方面甚至比 Maya 自带 mentalray 做的更好。

（四）后期

对于视频制作，后期是一个必不可少的部分。多数视频在前期制作过程中由于各种因素并不能达到成片的效果，必须通过后期制作、调色等方面来完成。同样，全息投影的制作也少不了后期。本文使用 Adobe premier 剪辑视频，将不必要的部分剪掉，然后导入 Adobe After Effects 之中制作特效与调色。

当成片出来之后便进入了全息投影环节。渲染出来的视频本是一个平面效果，要将其投射到金字塔中。在放映的视频中必须要有物体的四个面，即前后左右。但是一个摄像机只能照射一个角度，所以本文采用了四部摄像机照射物体的四个角度。之后渲染成四个视频，在 Adobe premier 之中利用剪辑效果，将四个视频拼凑在一个正方形的视频之中。在渲染完成之后便可将视频文件投射到仪器之中，完成全息投影最后一步，全方位的展示效果，使户型一览无余。

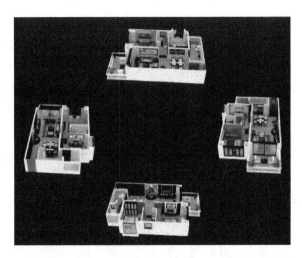

图1 基于3D全息投影技术的户型展示图

四、参考文献

［1］ 王云新，王大勇等. 数字全息技术在生物医学成像和分析中的应用 ［J］. 中国激光，2014，（2）：33 – 42.

［2］ 铁钟. 居住性历史街区数字化采集与交互展示设计研究——以石库门建筑文化遗产保护为例 ［J］. 装饰，2015，（10）：134 – 135.

［3］ 张琬茂，蒋春林，干静. 产品真实感表现中布光技术的研究 ［J］. 工程图学学报，2009，（2）：48 – 53.